J. L. C. Schroeder van der Kolk

Kurze Anleitung zur mikroskopischen Kristallbestimmung

J. L. C. Schroeder van der Kolk

Kurze Anleitung zur mikroskopischen Kristallbestimmung

ISBN/EAN: 9783744696708

Printed in Europe, USA, Canada, Australia, Japan

Cover: Foto ©berggeist007 / pixelio.de

More available books at **www.hansebooks.com**

KURZE ANLEITUNG

ZUR

MIKROSKOPISCHEN KRYSTALLBESTIMMUNG

VON

Dr. J. L. C. Schroeder van der Kolk.

PROFESSOR AM POLYTECHNICUM IN DELFT.

MIT ABBILDUNGEN IM TEXT.

WIESBADEN.

C. W. KREIDEL'S VERLAG.

1898.

Inhalt.

Vorwort.

Die hier gegebene Anleitung beabsichtigt nur die Beschreibung neuer Substanzen in der Chemie zu erleichtern, indem sie den Chemiker selbst in den Stand setzen will, ohne Mithülfe des Krystallographen eine kurze Charakteristik zu liefern, und somit eine vorläufige Einreihung im krystallographischen System zu ermöglichen. Sie war ursprünglich nur für die Zeitschrift für analytische Chemie bestimmt und ist desshalb ganz kurz gehalten.

Die Anleitung ist nicht an erster Stelle zum Gebrauch des Mikrochemikers verfasst, wenn ich zwar hoffe, dass sie auch ihm in einzelnen Fällen nicht ohne Nutzen sein dürfte. Für die mikrochemische Litteratur sei auf die Arbeiten von H. Behrens verwiesen. Da die Anleitung nur eine erste Orientirung bezweckt, so ist von einer genauen Angabe der mikrokrystallographischen Litteratur abgesehen; nur seien hier genannt: O. Lehmann, Molekularphysik; O. Lehmann, Die Krystallanalyse; H. Rosenbusch, Mikroskopische Physiographie der petrographisch wichtigen Mineralien; E. Cohen, Zusammenstellung petrographischer Untersuchungsmethoden nebst Angabe der Litteratur.

Schliesslich will ich noch bemerken dass der Abschnitt über anisotrope Medien nur ein mnemotechnisches Hülfmittel für den praktischen Mikroskopiker sein will und selbstverständlich gar keinen Anspruch auf theoretische Richtigkeit machen wird.

Deventer, September 1897.

Einleitung.

Die praktische Verwendung des Mikroskops dehnt sich immer mehr auf neue Gebiete der Wissenschaft aus. Einen bedeutenderen Aufschwung hat die Mikroskopie aber erst erhalten, nachdem man sich nicht länger begnügt hat mit der vom Instrument geleisteten Vergrösserung der Objecte, sondern die Technik der mikroskopischen Untersuchung möglichst zu vervollkommnen suchte. Ich brauche hier nur auf die Zoologie und Botanik hinzuweisen, wo zumal in der ersteren Wissenschaft die Tinctions- und Impregnationsmethoden Ungeahntes geleistet. Auch die Petrographie hat sich in den letzten Jahrzehnten der Mikroskopie zugewandt, jedoch erst wieder mit Erfolg, nachdem sie die Technik bedeutend vervollständigt, das heisst in diesem Falle, nachdem sie die Optik der anisotropen Medien zu Hülfe gerufen hat.

Auch in der Chemie fängt das Mikroskop an sich Bahn zu brechen; die vielen mikrochemischen Arbeiten der Neuzeit sind davon ein erfreuliches Zeichen. Auch sei hier genannt O. Lehmann, die Krystallanalyse oder die chemische Analyse durch Beobachtung der Krystallbildung mit Hülfe des Mikroskops. Jedoch droht noch zuweilen die Gefahr, dass man sich mit einer blossen Beobachtung der Formen zufrieden gibt und sich somit den grössten Nutzen entgehen lässt. In allen den Wissenschaften, wo das Mikroskop jetzt fortwährend verwendet wird, hat es übrigens immer ziemlich lange gedauert, bevor das Instrument sich völlig eingebürgert hatte.

Wenn wir auch soeben den Chemiker zusammen mit dem Petrographen erwähnt haben, so ist das Ziel jener beiden doch grundverschieden. Der Petrograph hat es nur mit einer sehr beschränkten Zahl gesteinsbildender Mineralien zu thun, welche verhältnissmässig leicht, ein jedes für sich, erkannt werden können; der Chemiker da-

Schroeder v. d. Kolk, Kurze Anleitung z. mikroskop. Krystallbest. 1

gegen findet sich einer unbeschränkten, sich täglich vergrössernden Anzahl von Substanzen gegenüber gestellt. Für ihn hätte es gar keinen
Zweck, ja es wäre geradezu unmöglich, den Weg des Petrographen
einzuschlagen und alle diese Substanzen mikroskopisch kennen lernen
zu wollen. Für ihn ist der Habitus fast ohne Bedeutung, es hat nur
die Classifikation einen praktischen Werth.[1])

Andererseits besteht doch beim Chemiker schon seit längerer Zeit
die Neigung, sich nach dem Vorbilde des Petrographen der mikroskopisch-
optischen Methoden zu bedienen. Es wird ja häufig bei den neuen
chemischen Präparaten die Krystallform verzeichnet. Offenbar hat man
dabei das Ziel vor Augen, die Präparate genauer zu definiren und Ver-
wechslungen mit anderen, sonst ähnlichen Substanzen vorzubeugen. Bekannt ist der Passus: »krystallisirt in schönen Oktaëdern« oder »bildet
prachtvolle Nadeln«. Der Zweck ist aber damit noch gar nicht erreicht;
fast unbeschränkt ist die Zahl der Substanzen, welche in Nadeln krystallisiren können, während unter den »Oktaëdern» sich mehrere finden,
welche im krystallographischen Sinne gar keine Oktaëder sind. Schliesslich kann eine Substanz, die das eine Mal in Oktaëdern krystallisirt,
sehr gut ein anderes Mal Kuben bilden, ohne dass es immer leicht ist,
einen Grund für das abweichende Benehmen aufzufinden. Mit Habitus-
beschreibung und Winkelmessung ist unter dem Mikroskop für den be-
schreibenden Chemiker nicht viel gethan; nur die Bestimmung des
Krystallsystems und einiger optischen Grössen haben bei der mikroskopischen Beschreibung irgend einer neuen Substanz einen gewissen
Werth. Andererseits ist eine derartige Untersuchung mit geringen
Kosten und verhältnissmässig geringen technischen Schwierigkeiten ver-
knüpft. Ein für diese Zwecke dienliches und völlig ausreichendes
Mikroskop ist schon für 150 Mark zu haben; und falls man selbst die
Objective besitzt, so erniedrigt sich der Kostenaufwand bis auf nur 100
Mark. Allerdings sind einige sehr einfache Nebenapparate erwünscht;
die Gesammtausgaben dafür werden vielleicht nur etwa 20 Mark be-
tragen.[2]) Den hier folgenden Besprechungen wird ein derartiges, sehr ein-

---

[1]) Es ist hier selbstverständlich der beschreibende Chemiker gemeint und
nicht der Mikrochemiker (beziehungsweise Analytiker); für den letzteren sind ja
eben die Habitusbilder Hauptsache. Er ist mit dem Petrographen zu vergleichen,
die Zahl seiner Präcipitate ist ja beschränkt, wie es auch beim Petrographen
mit den Mineralien der Fall ist.

[2]) Ein detaillirte Aufzählung der Apparate nebst Preisangaben ist dem
Schluss dieser Arbeit angehängt.

faches Mikroskop zu Grunde gelegt. Die Einrichtung des gewöhnlichen Mikroskops wird als bekannt vorrausgesetzt: Unten am Instrument findet man einen drehbaren Spiegel, über diesem mitten im Tisch den Condensor; sodann folgt das Object, dann das Objectiv und oben am Tubus das Ocular. Das krystallographische Mikroskop besitzt ausserdem noch folgende Vorrichtungen: Unter dem Condensor einen drehbaren Nicol, einen zweiten über dem Objectiv, entweder unter oder in den einfacheren Instrumenten über dem Ocular. Der Nicol unter dem Ocular, das heisst im Tubus, gestattet ein grösseres Sehfeld und hat den Vortheil, die Augen entschieden weniger zu ermüden. Der Tisch ist drehbar und mit einer Gradtheilung versehen; das Ocular besitzt ein Drahtkreuz.

Das Ocular, dessen Drahtkreuz man ohne jegliche Anstrengung der Augen sehen soll, wird derart gedreht, dass der eine Draht der Stirn parallel (frontal) verläuft, der andere senkrecht zu ihr (sagittal) steht. Die zwei durch die Drähte hindurchgelegte verticalen Ebenen werden wir die frontale und die sagittale Ebene nennen. Durch das Drahtkreuz wird das Gesichtsfeld in vier Quadranten getheilt, rechts oben der erste Quadrant, links oben der zweite, links unten der dritte und rechts unten der vierte. Um die Richtung irgend einer Geraden auf eine einfache Weise andeuten zu können, werden wir die Richtung des Drahts, welcher die Grenze zwischen dem ersten und vierten Quadranten darstellt, durch die Bezeichnung 0° andeuten, die Halbirungslinie des Winkels des ersten Quadranten mit 45°, die (sagittal) verlaufende Grenze zwischen dem ersten und zweiten Quadranten mit 90° u. s. w. Vergleiche die nebenstehende Figur 1.

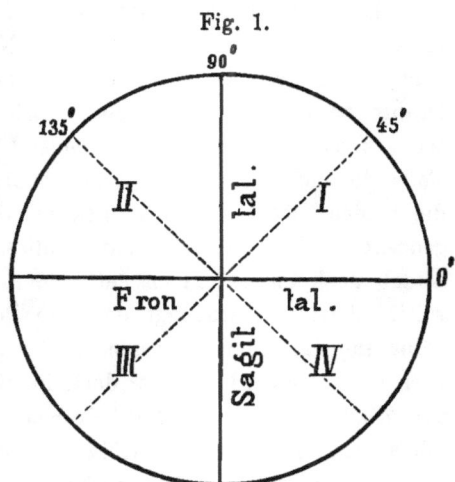

Fig. 1.

Um das Mikroskop für den Gebrauch fertig zu stellen, verfahren wir folgenderweise:

Wir bringen einen Tropfen concentrirter Salmiaklösung auf ein Objectgläschen, fügen nicht zu viel einer Eisenchloridlösung hinzu und

1*

lassen die hergestellte Mischung auskrystallisiren. Unter vielen anderen
Gebilden entstehen (die Nicols sind noch nicht eingeschaltet) Quadrate
von brauner Farbe. Eins von ihnen wird nach der Mitte des Gesichtsfeldes verlegt und zwar in der Weise, dass die Seitenlinien dem Drahtkreuz parallel zu liegen kommen.

Jetzt schalte man den unteren Nicol (Polarisator) ein und drehe
ihn um seine Achse bis die Sectoren, in welche das Quadrat von seinen
Diagonalen getheilt wird, folgenderweise gefärbt sind: vorderer und
hinterer Sector dunkelbraun, linker und rechter Sector hellbraun. Das
vom Polarisator polarisirte Licht schwingt jetzt etwa in einer sagittalen
Ebene. Wir setzen nun den oberen Nicol auf und drehen ihn so lange,
bis das Gesichtsfeld den höchst möglichen Grad der Dunkelheit erreicht
hat, die Nicols sind sodann »gekreuzt«. Das Feld ist dunkel, einige
der Krystalle (das von oben direct auf dieselben fallende Licht ist mit
der Hand abzuhalten) sind hell. Die Schwingungsebene des Polarisators
ist jetzt zwar nahezu, aber doch noch nicht völlig sagittal, ebensowenig
als diejenige des Analysators frontal ist. Es lässt sich dieser Fehler
auf die folgende Weise ziemlich vollständig ausmerzen.

Auf einem neuen Objectträger wird ein Körnchen Sublimat gelöst;
es krystallisiren unter anderem auch Nadeln aus. Eine lange und feine
Nadel wird nach der Mitte des Feldes gebracht und einem der beiden
Drähte parallel gelegt. Meistens wird die Nadel nicht ganz dunkel,
sondern etwas hell sein (auffallendes Licht ist wieder abzublenden), eine
Folge der nicht genauen Lage des Polarisators und Analysators. Während
die beiden Nicols, indem sie gekreuzt bleiben, um einen kleinen Winkel
gedreht werden, erreicht man schliesslich eine Lage, in welcher die
Nadel, noch immer einem der beiden Drähte parallel, maximal dunkel
wird. Jetzt erst schwingt das vom Polarisator hindurchgelassene Licht
völlig sagittal, oder wenigstens in der sagittalen Verticalebene, dasjenige
vom Analysator frontal oder doch in einer frontalen Ebene. Wenn wir
den Mikroskoptisch um 360^0 drehen, wird die Nadel in 4 um 90^0 verschiedenen Lagen hell und farbig, in 4 dazwischen liegenden Lagen dunkel.

Der Polarisator bleibt nun bei den weiteren Untersuchungen an seiner
Stelle, der Analysator wird um seine Achse gedreht oder auch abgehoben.[1])

---

[1]) Der Grund, wesshalb wir den Analysator und nicht den Polarisator entfernen, wenn wir nur einen einzigen Nicol verwenden wollen, ist folgender. Das
Licht wird vom Mikroskopspiegel oft schon sehr merklich polarisirt; falls wir
also nur den Analysator verwenden, so befindet sich das Präparat doch gewissermaassen zwischen zwei Nicols.

Aus den zwei erwähnten Beispielen erhellt schon, dass die Form der Krystalle hier in den Hintergrund tritt, da die einzelnen Individuen recht verschieden gestaltet sind; die optischen Eigenschaften dagegen geben einen entschieden besseren Anhaltspunkt.

Auf den nachfolgenden Seiten soll nun versucht werden, den angedeuteten Weg für den Chemiker möglichst zu ebenen; es ist dabei jedoch unumgängig nothwendig, die gegebenen Beispiele selbst nachzuarbeiten. Nur auf diese Weise lässt sich die erforderliche Geschicklickeit erwerben und lernt man die Methode auf eine vortheilhafte Weise verwenden.

Herstellung des Beobachtungsmaterials.

Wenn die Herstellung des Beobachtungsmaterials hier auch entschieden weniger schwierig ist als in der Zoologie und Medicin, wo es sich um äusserst dünne Schnitte und zum Theil sehr zeitraubende Präparirmethoden handelt, so ist es doch wohl nicht ganz überflüssig, auch hier einige allgemeinen Bemerkungen voran zu schicken. In der Praxis kommen verschiedene Fälle vor; entweder hat man es mit schon fertigen Krystallen zu thun, oder man hat selbst die Substanz auf dem Objectglas zur Krystallisation zu bringen. Ich werde hier der Reihe nach die verschiedenen Fälle kurz erwähnen.

1. Schon fertige Krystalle. Meistens sind diese für mikroskopische Zwecke viel zu gross; falls sie aber aus irgend einem Grunde nicht umkrystallisirt werden dürfen, wie es ja mit vielen schwierig herzustellenden Verbindungen der Fall ist, so suche man die kleinsten heraus. Bisweilen ist sodann noch etwas zu erreichen. Unmittelbar tauglich zur mikroskopischen Beobachtung sind dagegen die Präcipitate der qualitativen Analyse, doch selbstverständlich nur in so weit, als dieselben krystallinisch sind. Als solche sind zum Beispiel die folgenden Präcipitate zu nennen: Bleichlorid, Quecksilberjodid, Gyps, Silberphosphat, Ammoniummagnesiumphosphat, Ammoniumphosphomolybdat, Kaliumplatinchlorid, Natriumfluosicicat u. s. w.

2. Die Niederschläge aus der mikrochemischen Analyse. Diese sind selbstverständlich mikroskopfähig, eine nähere Besprechung an dieser Stelle wäre denn auch überflüssig. Weiteres ist in den bekannten Anleitungen zur mikrochemischen Analyse nachzuschlagen.

3. Man ist in der Lage, die Substanz auf dem Objectträger zur Krystallisation zu bringen und zwar entweder mittelst einfacher Krystallisation aus einer Lösung, oder auch indem die Verbindung erst unter dem Mikroskop dargestellt wird. In ersterem Falle nehme man etwa 1 *mg* der zu untersuchenden Substanz, und löse das Körnchen in einem auf den Objectträger gebrachten kleinen Tropfen, vielleicht 10 *mg*, destillirten Wassers oder des sonstigen Lösungsmittels. In vielen Fällen bilden sich die Krystalle sehr leicht, wie zum Beispiel beim Kochsalz oder beim Salmiak und bekommt man sofort ein brauchbares mikroskopisches Präparat. Häufig aber auch scheitert die Sache an zu grosser Hygroskopicität, so dass man entweder gar keine Krystalle erhält, oder doch wenigstens überaus lange zu warten hat, bevor solche erscheinen. Beispiele dieser beiden letzteren Fälle sind: Chlorcalcium, Citronensäure, Kobaltnitrat u. s. w. Es ist immerhin möglich, zu einer Krystallisation zu gelangen, indem man den Objectträger mitsammt der Lösung in einen gewöhnlichen Exsiccator bringt. Besser noch ist ein anderes Verfahren, wobei die Krystallisation sich ruhig unter dem Mikroskop verfolgen lässt. Die Lösung wird dabei auf ein nicht zu kleines Deckgläschen gebracht. Man nehme weiter einen Objectträger, in dem eine geräumige Aushöhlung eingeschliffen ist. In die Höhlung bringe man einen Tropfen concentrirter Schwefelsäure und lege das Deckgläschen, mit der Lösung nach unten, über die Höhlung. Die Lösung befindet sich jetzt mit der Schwefelsäure in einem abgeschlossenen Raum (Mikroexsiccator) und man kann die energisch vor sich gehende Krystallisation ganz bequem unter dem Mikroskop verfolgen. Auch hier sollen nicht zu grosse Tropfen zur Verwendung kommen, da sonst die Lösung mit der Schwefelsäure in Berührung gelangt und man wieder ganz von neuem anfangen muss.

Es wäre dagegen verfehlt, wenn man die Krystallisation durch Erwärmung herbeiführen wollte, da viele Substanzen in der Wärme in einem anderen System krystallisiren als bei gewöhnlicher Zimmertemperatur, wie zum Beispiel Nickelsulfat in der Wärme mit 6 Aq. (tetragonal), bei gewöhnlicher Temperatur mit 7 Aq. (rhombisch); Kaliumnitrat in der Wärme hexagonal, in der Kälte rhombisch, u. s. w. Beabsichtigt man eben eine Erwärmung, so ist öfters eine mittelst eines Chromsäureelements in Glühung versetzte Nadel sehr bequem, weil man damit einen Theil eines Tropfens, ja selbst die Hälfte eines Krystalls erwärmen kann, während die andere Hälfte kalt bleibt. Ausserdem bleibt das

Objectglas kühl und hat man deshalb nicht leicht eine gänzliche Verdunstung des Tropfens zu befürchten. Bisweilen auch ist man gezwungen, die zu untersuchenden Verbindungen unter dem Mikroskop darzustellen, da dieselben zum Beispiel in Wasser schwerlöslich sind. Sodann hat man es öfters mit dem entgegengesetzten Fall zu thun: die betreffenden Krystalle entstehen zu leicht, man erhält nur ein kaum zu entwirrendes, feinkörniges Pulver. Beispiele liefern Gyps, Strontiumchromat, Quecksilberjodid u. s. w. Die Krystalle sind besser ausgebildet, wenn nur die Reaction genügend langsam verläuft, indem man zum Beispiel die Tropfen beider Lösungen nicht unmittelbar mit einander verbindet, sondern einen vermittelnden Wassertropfen zwischen den beiden einschaltet, oder auch mit sehr verdünnten Lösungen arbeitet.

In wieder anderen Fällen ist die entstehende Verbindung sehr unbeständig, wie zum Beispiel die Verbindung von Anilin mit Ferrichlorid, wo sehr leicht Ferrihydroxyd entsteht. Man nehme sodann wieder den Objectträger mit dem Hohlschliff, bringe das Ferrichlorid auf das Deckgläschen, das Anilin an die Stelle der Schwefelsäure im Mikroexsiccator und lege das Deckgläschen auf; das Anilin verdampft und in der Eisenchloridlösung entsteht allmählig die gewünschte Doppelverbindung. In derselben Weise gelingt es in der Lösung eines Goldsalzes, Krystalle des Metalls zu erhalten. Auch das Zerfliessen des Lösungsmittels ist oft eine missliche Sache; dieser Schwierigkeit ist zum Beispiel beim Zerfliessen des Alkohols leicht abzuhelfen, wenn man den Tropfen mit einem kleinen Uhrglas bedeckt, indem das Uebel in einer Alkoholatmosphäre sofort aufhört.

Schliesslich ist noch zu bemerken, dass es erwünscht ist, Krystalle von verschiedenem Habitus zu erhalten, wenn es sich um die Untersuchung irgend einer Substanz handelt. Man erreicht diesen Zweck am besten, wenn man sie unter abweichenden äusseren Umständen entstehen lässt, das heisst, wenn man den Tropfen nicht durch Rühren eine uniforme Zusammensetzung gibt.

Die Krystallsysteme.

Allbekannt sind die Krystalle des Kaliumplatinchlorids; die Verbindung krystallisirt in Oktaëdern, das heisst, wenn sie aus nicht zu concentrirten Lösungen entsteht, so bildet sie Körper, welche dem geometrischen Oktaëder sehr ähnlich sind. Doch existirt ein bedeutender

Unterschied: die 8 Flächen besitzen nämlich nicht immer alle die
gleiche Ausdehnung, sondern zeigen zufällige Abweichungen; die
Winkel, unter denen die Flächen sich schneiden, stimmen aber (innerhalb des Beobachtungsfehlers) mit denjenigen eines geometrischen Oktaëders überein. Letzteres würde aber doch den Namen Oktaëder im
krystallographischen Sinne noch nicht rechtfertigen; wären zum Beispiel
die abwechselnden Flächen matt und glänzend (also 4 matt und 4
glänzend), so würden wir den Körper nicht ein Oktaëder, sondern zwei
durcheinander gewachsene Tetraëder (ein mattes und ein glänzendes)
nennen. Ein krystallographisches Oktaëder soll also:

1. die Winkel des geometrischen Oktaëders besitzen,
2. physikalisch gleich beschaffene, das heisst »gleichwerthige«
   Flächen aufweisen.

Aehnliches gilt vom Kubus; auch ein rechtwinkeliges Parallelopi-
pedon nennen wir Kubus im krystallographischen Sinn, wenn nur die
sechs Grenzflächen physikalisch gleichwerthig sind.

Nach dieser Verabredung werden wir uns fernerhin der Einfach-
keit wegen mit den geometrischen Körpern beschäftigen. Absichtlich
werde ich mich dabei nur der üblichen sechs Krystallsysteme bedienen,
da sie vor der neueren Eintheilung in 32 Gruppen den entschiedenen
Vortheil einer leichteren Uebersichtlichkeit besitzen. Ausserdem wäre
es unter dem Mikroskop doch nicht möglich, alle jene 32 Gruppen
auseinander zu halten. Wir werden uns des weiteren auf das noth-
wendigste beschränken; für eine ausführlichere und theoretisch strenge
Darstellung sei auf die vielen kleineren und grösseren Handbücher verwiesen. Eine ganz kurze, aber sehr deutliche Uebersicht findet man
zum Beispiel in: R. Brauns. Mineralogie. Stuttgart.

Eine ausführliche Darstellung der ganzen Krystallographie in:
P. Groth. Physikalische Krystallographie. Leipzig.

Und mit Hülfe des letzteren Handbuchs ist es ein leichtes, sich
über die weitere Literatur zu orientiren.

Das Oktaëder, um mit diesem Körper einen Anfang zu machen,
kann auf verschiedene Weise von einer Ebene in zwei spiegelbildlich
gleiche Hälften getheilt werden. Eine derartige Ebene heisst eine
Symmetrieebene und es sei hier noch einmal wiederholt, dass mit Symmetrie in der Krystallographie nur Symmetrie der Winkel gemeint ist.
Vier Oktaëderkanten des geometrischen Oktaëders bilden ein Quadrat,
die Ebene des Quadrats ist eine Symmetrieebene des Oktaëders. Es

existiren drei dieser Ebenen; bei der üblichen Aufstellung des Oktaëders eine horizontale, eine frontale (der Stirn des Beobachters parallel) und eine sagittale. Die Durchschnittslinien jener Ebenen, gleichfalls drei an der Zahl, stehen, wie die Ebenen selber, zu einander senkrecht und werden die krystallographischen Achsen des Oktaëders genannt. Durch die Verticalachse können wir wieder neue Ebenen legen, welche den Winkel zwischen der sagittalen und der frontalen Ebene halbiren; wir erhalten damit zwei neue Symmetrieebenen. Dasselbe Verfahren gibt bei der sagittalen Achse ebenfalls 2 Ebenen und bei der frontalen wieder 2. Im Ganzen haben wir also $3 + 2 + 2 + 2 = 3 + 6 = 9$ Symmetrieebenen bekommen. Alle Körper, welche diese 9 Symmetrieebenen besitzen, gehören zum regulären System. Diesen Satz dürfen wir nicht umkehren; es würde aber für den hier gewählten Zweck zu weit führen und für die Praxis von geringem Nutzen sein, wenn wir den genauen Sachverhalt jetzt ausführlicher erörtern wollten.

Es leuchtet ein, dass ein Kubus dieselben Symmetrieebenen besitzt als das Oktaëder; die drei bei dem Oktaëder erstgenannten Ebenen gehen bei dem Kubus je zwei seiner Flächen parallel; die sechs weiteren können durch je zwei gegenüberliegende Kanten gelegt werden. Von dem Rhombendodekaëder gilt ähnliches u. s. w. Zu den Körpern, welche unter dem Mikroskop nicht zu selten zur Beobachtung gelangen, dem regulären System angehören, und doch nicht alle 9 Symmetrieebenen besitzen, gehört das Tetraëder (vergleiche die Krystalle des Natriumuranylacetats). Die drei ersten Symmetrieebenen fehlen bei dem Tetraëder, die sechs letzten sind anwesend. Wir können es als ein halbflächiges Oktaëder (Hemiedrie) betrachten.

Tetragonales System.

Das tetragonale Oktaid (tetragonale Pyramide, eigentlich Doppelpyramide) unterscheidet sich darin von dem regulären Oktaid (Oktaëder), dass die Verticalachse den horizontalen Achsen nicht gleich ist. Die Analoga der ersteren drei Symmetrieebenen im regulären System finden wir hier wieder.

Ausserdem lassen sich noch zwei weitere Symmetrieebenen durch die Verticalachse (Hauptachse) legen. Die vier Symmetrieebenen durch die horizontalen Achsen fehlen jedoch in diesem System. Im Ganzen haben wir also $3 + 2 = 5$ Symmetrieebenen gefunden.

Die Symmetrieebene, welche senkrecht zur Verticalachse steht, spielt eine eigene Rolle, und wird Hauptsymmetrieebene genannt. Ausser der Pyramide treten noch das Pinakoid und das Prisma recht häufig auf. Eine Ebene senkrecht zur Hauptachse wird eine pinakoidale Ebene genannt; das Prisma erhalten wir, wenn wir die Flächen der Pyramide um einen solchen Winkel drehen, dass sie der Verticalachse parallel zu liegen kommen. Es versteht sich, dass weder das Pinakoid, noch das Prisma selbstständig auftreten können, sondern nur in Verbindung mit anderen Formen, da sie ja an sich den Raum nicht allseitig abschliessen können.

Hexagonales System.

Wir werden hier die regelmässige, sechsseitige Doppelpyramide als Ausgangspunkt wählen. Die Verticalachse steht wieder senkrecht zur Symmetrieebene. Durch die Verticalachse können wir sechs »gewöhnliche« Symmetrieebenen legen und erhalten also für dieses System im Ganzen 7 Symmetrieebenen. Aehnlich dem vorigen System finden wir auch hier wieder das Pinakoid und das Prisma. Wenn wir uns die abwechselnden Flächen der hexagonalen Doppelpyramide weggelassen denken, so entsteht ein von 6 Ebenen begrenzter Körper, das Rhomboëder. Ein Beispiel dieses Körpers bildet ein Spaltungsstück aus Kalkspath.

Rhombisches System.

Als Grundkörper betrachten wir ein Oktaid, dessen Körperdiagonalen von ungleicher Länge sind, dabei aber senkrecht auf einander stehen und sich halbiren. Diese rhombische »Pyramide« besitzt drei ungleichwerthige, zu einander senkrechte Symmetrieebenen, welche man sich durch je zwei der Diagonalen gelegt denken kann. Die Diagonalen tragen den Namen krystallographische Achsen; sie sind ebenfalls ungleichwerthig und können nicht beliebig gewählt werden, da sie ja als die Durchschnittslinien der Symmetrieebenen gegeben sind. Letzteres bildet dem nächstfolgenden System gegenüber einen wichtigen Unterschied. Pinakoidale Ebenen sind solche, welche zwei der krystallographischen Achsen parallel gehen; eine prismatische Ebene, oder eine domatische geht nur einer Achse parallel, schneidet jedoch die beiden anderen.

Monoklines System.

In diesem System haben wir es nur mit einer einzigen Symmetrieebene zu thun, deren Normale eine der drei Achsen des monoklinen

Oktaids[1]) bildet. Die anderen beiden Achsen liegen in einer mehr oder weniger willkürlichen Lage (praktische Rücksichten bestimmen die Wahl dieser Lage) in dieser Symmetrieebene, werden jedoch von der erstgenannten Diagonale halbirt. Die monokline Pyramide besitzt also nur eine einzige Symmetrieebene; von den Pinakoiden, Prismen und Domen gilt dasselbe wie beim rhombischen System.

Triklines System.

Das trikline Oktaid besitzt gar keine Symmetrieebene, die Achsen bilden mit einander schiefe Winkel, halbiren sich aber sämmtlich. Von den übrigen Körpern gilt wieder das bei dem rhombischen System Gesagte.

Bestimmung des Brechungsindex.

Die Möglichkeit, unter dem Mikroskop im durchfallenden Lichte einen durchsichtigen Krystall sehen zu können, beruht meistens auf dem Unterschied der Brechungsindices des Krystalls und des ihn umgebenden Mediums. Zufolge dieses Unterschieds erhalten die Krystalle die bekannten Ränder totaler Reflexion. Diese schwarzen Ränder sind um so breiter, je mehr die Brechungsindices beider Körper, das heisst des Krystalls und des ihn umgebenden Mediums von einander verschieden sind. Die Quarzkörner des gewöhnlichen Sandes besitzen daher, wenn man sie ganz trocken unter dem Mikroskop beobachtet, schwarze Ränder von beträchtlicher Breite; die Erscheinung tritt zumal dann auf, wenn man den Condensor zuvor entfernt hat. Die bequeme Beobachtung wird sogar von dieser Umrandung in hohem Maasse beeinträchtigt. Sobald man die Körner aber mit einem Tropfen Wasser anfeuchtet, werden die Ränder bedeutend schmäler, da der Brechungsindex des Wassers weniger von demjenigen der Körner verschieden ist. Die Totalreflexion wird schliesslich kaum merklich, wenn wir die Körner in Nelkenöl legen. Wäre daher der Brechungsindex des Nelkenöls bekannt, so wäre dies ebenfalls, wenn auch nur annähernd, mit dem Brechungsindex des Quarzes der Fall.

Es leuchtet ein, dass man aus diesen Thatsachen eine schnelle, wenn auch nicht sehr genaue Methode zur Bestimmung des Brechungsindex herleiten kann. Dazu brauchen wir uns nur eine ganze Reihe von Flüssig-

---

[1]) Nur der Uebersichtlichkeit wegen ist hier die Rede von Oktaiden, welche jedoch in diesem und folgendem System eigentlich Combinationen bilden.

keiten herzustellen, deren Brechungsindex genau bekannt ist. Diese Flüssigkeiten sollen den Forderungen genügen, dass sie keine zu gute Lösungsmittel sind und dass sie womöglich mit einander gemischt werden können.
Es versteht sich, dass es nicht wohl thunlich ist, diesen beiden
Forderungen ganz zu genügen. Denn es ist keine Flüssigkeit denkbar,
welche nicht für irgend einen Stoff ein Lösungsmittel wäre. Wir werden
also zwei verschiedene Reihen bilden, damit es fast immer möglich sei,
entweder in der einen oder in der anderen Reihe eine Flüssigkeit zu
finden, in der sich der betreffende Krystall nicht löst. In jeder Reihe
sind die Flüssigkeiten so gewählt, dass diese meistens unbegrenzt mit
einander gemischt werden können. Bei der Mischung empfiehlt es sich,
diejenigen Flüssigkeiten zu gebrauchen, deren Brechungsindices nicht
zu sehr von einander verschieden sind. Wenn man zum Beispiel gleiche
Volumina Hexan (Brechungsindex 1,37) und Heptan (Brechungsindex
1,39) mit einander mischt, so wird der Brechungsindex der Mischung
annähernd 1,38 sein. Damit man nun bei sehr kostspieligen Flüssigkeiten die erforderlichen Volumina durch Wägung zu bestimmen im
Stande sei, ist in der nachfolgenden Tabelle noch das specifische Ge-
wicht mit verzeichnet worden. Schliesslich ist es räthlich, die Flüssigkeiten in der Weise zu combiniren, dass die Flüchtigkeit beider Componenten ziemlich dieselbe ist, da sonst schon während des Arbeitens
der Brechungsindex sich stark ändern kann. Deshalb sind auch die
Siedepunkte in der Tabelle mit erwähnt.

	Brechungs-index	Specifisches Gewicht	Siedepunkt		Brechungs-index	Specifisches Gewicht	Siedepunkt
Hexan	1,37	0,66	68º	Methylalkohol . . .	1,32	0,81	66º
Heptan	1,39	0,71	98º	Wasser	1,34	1,00	100º
Cajeputöl	1,46	0,92	174º	Aethyläther	1,36	0,72	35º
Olivenöl	1,47	0,92	—	Aethylalkohol . . .	1,37	0,81	78º
Ricinusöl	1,49	0,96	265º+	Amylalkohol	1,40	0,83	132º
Benzol	1,50	0,89	80º	Chloroform	1,45	1,50	61º
Xylol	1,50	0,86	136º	Glycerin	1,47	1,26	290º
Bucheckernöl . . .	1,50	0,92	—	Kreosot	1,54	1,06	200º+
Cedernöl	1,51	0,98	237º	Anilin	1,60	1,04	183º
Nelkenöl	1,53	1,05	253º	Cadmiumborowolframat	1,70	3,60	—
Anisöl	1,56	0,99	220º	Kaliumquecksilberjodid	1,72	3,20	—
Bittermandelöl . . .	1,60	1,04	180º	Baryumquecksilberjodid	1,79	3,59	—
Schwefelkohlenstoff .	1,63	1,29	47º	Quecksilberjodid in			
α-monobromnaphtalin .	1,66	1,50	277º	Anilin und Chinolin	2,20	—	—
Jodmethylen	1,76	3,34	180º				
Phenylsulfid	1,95	1,12	272º				

Die erste Reihe ist für die anorganischen Salze besonders geeignet, und wird deshalb in dieser Anleitung vorzugsweise benutzt werden, aus der zweiten kann man sich Mischungen heraussuchen, sobald die Krystalle von den Flüssigkeiten der ersten Reihe angegriffen werden sollten. So wäre es zum Beispiel möglich, auf diese Weise den Brechungsindex von Naphtalin zu bestimmen. Recht brauchbar zu diesem Zweck ist das Kaliumquecksilberjodid, welches mit Wasser verdünnt werden kann. Die entsprechende Baryumverbindung dagegen darf nur mit der weniger concentrirten Lösung desselben Salzes verdünnt werden.

In der ersten Reihe, welche wir etwas ausführlicher besprechen wollen, fallen schon beim ersten Anblick grosse Lücken auf. Wir werden aber sehen, dass diese Lücken meistentheils unschwer ausgefüllt werden können. Von der Ausfüllung der Lücke zwischen Hexan und Heptan ist oben schon die Rede gewesen; auch die Lücke zwischen Heptan und Cajeputöl ist leicht zu überbrücken, indem wir das Heptan mit Benzol vermischen.

Aus 9 Volumen Heptan und 2 Volumen Benzol erhalten wir eine Flüssigkeit, deren Brechungsindex von 1,41 nur wenig abweicht; 7 Heptan und 4 Benzol geben einen Brechungsindex von etwa 1,43; 6 Heptan mit 5 Benzol einen von etwa 1,45 [1]). Wir haben hier das Heptan absichtlich mit Benzol und nicht mit Cajeputöl vermischt, weil die Flüchtigkeit des Heptans besser mit derjenigen des Benzols als mit derjenigen des Cajeputöls übereinstimmt, die Mischung also während einer ziemlich langen Zeit denselben Brechungsindex beibehält. Den Brechungsindex 1,48 erhalten wir durch die Mischung gleicher Volumina von Olivenöl und Ricinusöl. Das Cedernöl ist mit Nelkenöl mischbar; damit ist der Brechungsindex 1,52 gefunden. Wenn wir Nelkenöl und Anisöl zusammenbringen, so entsteht dagegen eine Trübung; es ist daher besser, entweder das Anisöl mit dem Cedernöl, oder das Nelkenöl mit dem Bittermandelöl zu combiniren, auch das Anisöl kann mit Bittermandelöl gemischt werden. Der sehr flüchtige Schwefelkohlenstoff ist dagegen wieder in Mischungen zu vermeiden. Bittermandelöl und α-monobromnaphtalin eignen sich wieder vorzüglich zu einer Combination. Schliesslich sind auch die letzten drei Flüssigkeiten der ersten Reihe für gegenseitige Mischung tauglich. Nur hat man bei dem Phenyl-

---

[1]) Es ist hier die Formel $n_1 v_1 + n_2 v_2 = n (v_1 + v_2)$ verwendet.

sulfid einige Vorsicht zu gebrauchen, da nicht immer der Brechungsindex dieses Präparats gleich hoch zu sein scheint.

In Bezug auf die zweite Tabelle sei hier noch erwähnt, dass die
Lösung des Quecksilberjodids in Anilin und Chinolin von mir persön-
lich nicht verwendet worden ist; die darauf bezügliche Angabe ist den
Tabellen zum Gebrauch der mikroskopischen Arbeiten von W i l h e l m
B e h r e n s [2]) entnommen worden.

Wenn wir jetzt den Brechungsindex eines mikroskopischen Krystalls
bestimmen wollen, so arbeiten wir Anfangs noch mit dem Condensor.
Die Methode ist alsdann entschieden weniger empfindlich, ein nicht zu
unterschätzender Vortheil, denn der Krystall wird dem zu Folge leichter
zum Verschwinden gebracht. Sobald wir aber nach diesem Verfahren
einen Annäherungswerth für den Index erhalten haben, wird der Condensor ausgeschaltet; der Krystall erscheint meistens sofort wieder, so
dass wir die Grenzen jetzt enger ziehen können. Wollen wir einen noch
höheren Grad der Genauigkeit erreichen, so brauchen wir nur eine
recht enge Blende einzuschieben und der Krystall wird von Neuem
sichtbar. Würden wir die Genauigkeit noch weiter zu treiben wünschen,
so wäre nach monochromatischem Licht zu greifen

Die anisotropen Krystalle im Allgemeinen.

Wir bringen einen kleinen Tropfen einer Natriumnitratlösung auf
einem Objectträger zur Krystallisation. Nachdem wir den Condensor
ausgeschaltet und den Analysator abgehoben haben, beobachten wir das
Präparat bevor die Mutterlauge noch verschwunden ist. Wenn wir
jetzt den Tisch drehen, so gelingt es, in einer gewissen Lage den
Krystall fast gänzlich zum Verschwinden zu bringen. Aus diesem Verschwinden dürfen wir den Schluss ziehen, dass die Brechungsindices des
Krystalls und der Lösung jetzt nahezu dieselben sind. Drehen wir aber
den Tisch um 90 Grad, so kommt der Krystall sofort wieder deutlich
zum Vorschein. Soll der Krystall auch in dieser Lage zum Verschwinden
gebracht werden, so müssen wir an die Stelle der Mutterlauge eine
andere Flüssigkeit bringen, z. B. irgend ein Oel, das einen viel höheren
Brechungsindex besitzt, als die eben benutzte Mutterlauge. Dem
Natriumnitrat kommen also gleichsam zwei verschiedene Brechungs-

---

[2]) Tabelle zum Gebrauch bei mikroskopischen Arbeiten, 2. Aufl., 1892,
Braunschweig.

indices zu. Dieser Umstand bildet den Grund, weshalb dieses Salz doppelbrechend genannt wird (anisotrop).

Wir hätten dieselbe Beobachtung machen können, wenn wir den Tisch in seiner ursprünglichen Lage gelassen, den Polarisator dagegen um 90 Grad gedreht hätten, damit die von ihm hindurchgelassenen Schwingungen statt sagittal, frontal geworden wären. Der sagittal schwingende Strahl besitzt also im Krystall einen anderen Brechungsindex, als der frontal schwingende und damit eine andere Fortpflanzungsgeschwindigkeit, als der frontal schwingende.

Da nun die Schwingungsrichtungen senkrecht zum Strahl und auch gegenseitig senkrecht aufeinander liegen, so ändert sich ihre Lage mit derjenigen des Strahles. Es ist aber zum richtigen Verständniss des Folgenden durchaus nothwendig, eine Einsicht zu erhalten in den gegenseitigen Zusammenhang zwischen Fortpflanzungsrichtung (Strahl), Schwingungsrichtung und Geschwindigkeit.

Eine solche, wenn auch nicht ganz genaue Einsicht, ist leicht zu erhalten, wenn wir uns die elementärer Eigenschaften eines dreiachsigen Ellipsoids in Erinnerung bringen.

Das dreiachsige Ellipsoid besitzt bekanntlich drei, zu einander senkrechte Symmetrieebenen, deren Durchschnittslinien die drei (zu einander ebenfalls senkrechten) Achsen bilden. Man unterscheidet eine grössere (a), eine mittlere (b) und eine kleinere (c) Achse.

Wenn wir durch den Mittelpunkt des Ellipsoids eine willkürliche Ebene legen, so ist die Durchschnittsfigur derselben mit dem Ellipsoid immer eine Ellipse. In dieser Ebene finden sich zwei, zu einander senkrechte, merkwürdige Richtungen: die grosse und die kleine Achse der Durchschnittsellipse.

Ein besonders merkwürdiger Fall kann sich ereignen, wenn wir die Ebene durch die b-Achse (mittlere Achse) legen. Um diesen merkwürdigen Fall auffinden zu können, werden wir die Ebene rotiren lassen; sie soll bei dieser Rotation aber fortwährend durch die b-Achse gehen. Während dieser Rotation ist immer die b-Achse eine Achse der Durchschnittsellipse. Wenn also die Ebene in einer gewissen Lage die a-Achse in sich aufgenommen hat, so bildet die b-Achse die kleinere Achse der Durchschnittsellipse, wenn dagegen in einer anderen Lage die Ebene die c-Achse (die kleinste Achse des Ellipsoids) in sich aufgenommen hat, so bildet die b-Achse die grössere Achse der Durchschnittsellipse. Es lässt sich erwarten, dass in einer Zwischenlage der

Ebene die b-Achse weder die grössere, noch die kleinere Achse der Durchschnittsellipse bilden wird; ein Fall, der sich nur denken lässt, wenn die beiden Achsen der Ellipse einander gleich sind. Sobald nun aber die beiden Achsen einer Ellipse einander gleich werden, geht die Ellipse nothwendig in einen Kreis über, der merkwürdige Fall, auf den soeben hingedeutet worden ist. Das dreiachsige Ellipsoid besitzt zwei derartige Kreisschnitte, welche beide durch die mittlere Achse gelegt sind. Die Normalen zu diesen Kreisschnitten liefern uns wieder zwei merkwürdige, in jedem Ellipsoid ganz bestimmte Richtungen, welche für die Optik von grösster Bedeutung sind, da sie die zwei optischen Achsen der optisch zweiachsigen Medien darstellen.

Sowie das dreiachsige Ellipsoid uns behülflich sein wird bei der Untersuchung der optisch zweiachsigen Medien, so ist uns das Rotationsellipsoid dienlich, wenn wir die Eigenschaften der optisch einachsigen Medien studiren wollen.

Das Rotationsellipsoid entsteht bekanntlich durch die Rotation einer Ellipse um eine ihrer beiden Achsen. Wir können es uns dagegen auch aus einem dreiachsigen Ellipsoid entstanden denken, indem die b-Achse (mittlere Achse) entweder der a-Achse oder der c-Achse gleich wird. Die beiden Kreisschnitte fallen sodann zu einem einzigen Kreisschnitt zusammen; die Ebene dieses letzteren Kreisschnittes stellt die Aequatorialebene des Rotationsellipsoids dar, steht also senkrecht zur Rotationsachse. Die Rotationsachse heisst in der Optik der einachsigen Medien die optische Achse. Sämmtliche durch den Mittelpunkt des Rotationsellipsoids gelegten beliebigen Ebenen haben wieder eine Ellipse zur Durchschnittsfigur. Alle diese Ellipsen besitzen die merkwürdige Eigenschaft, dass deren eine Achse immer in der Aequatorialebene liegt und somit dem Durchmesser des Aequatorialkreises gleich ist, während die andere Achse ihre Länge mit der Schnittlage ändert.

Es ist jetzt unschwer, ein ungefähres Bild der optischen Vorgänge in einem anisotropen Medium zu erhalten. Zu diesem Zweck sei ein anisotropes, zweiachsiges Medium, sowie das zugehörige Ellipsoid in der richtigen Lage gegeben; es sei des weiteren die Aufgabe gestellt, die Eigenschaften eines das Medium in beliebiger Richtung durchsetzenden Strahles zu untersuchen. Dazu legen wir durch den Mittelpunkt des Ellipsoids eine dem Lichtstrahl parallele Gerade, und legen ebenfalls durch den Mittelpunkt eine zu jener Geraden senkrechte Schnittebene. Die Durchschnittsellipse liefert uns durch ihre beiden

Achsen zwei ganz bestimmte Richtungen und zwar die Schwingungsrichtungen des Lichtes in dem zur Untersuchung gewählten Strahl. Der Strahl besteht also gleichsam aus zwei einfachen Strahlen, deren ein jeder seine eigene Schwingungsrichtung besitzt. Die zu jeder Schwingungsrichtung gehörige Fortpflanzungsgeschwindigkeit ist nun auch bekannt und zwar aus den Längen der Achsen der Durchschnittsellipse. Wenn dagegen der Strahl einer der Normalen der Kreisschnitte, d. h. einer der beiden optischen Achsen parallel geht, so verwandelt sich selbstverständlich die Ellipse in einen Kreis, es gibt somit keine längere und kürzere Achse, sondern alle Durchmesser des Kreises sind einander gleichwerthig. Eine unmittelbare Folge ist, dass keine bestimmten Schwingungsrichtungen gegeben sind. Es tritt hier also ausnahmsweise ein ähnlicher Fall ein, wie es bei den isotropen Stoffen Regel ist: ein Strahl, der sich in der Richtung einer optischen Achse fortpflanzt, erleidet keine Doppelbrechung, sondern behält seinen einheitlichen Charakter bei.

Schliesslich ist noch zu bemerken, dass zu einem Strahl, welcher sich in die Richtung der a (grössere) Achse, fortpflanzt, die Geschwindigkeiten b und c gehören; zu Strahl b gehören die Geschwindigkeiten b und c, zu Strahl c die Geschwindigkeiten a und b. Die Achsen des Ellipsoids stellen also die Geschwindigkeit der sich senkrecht zu der Symmetrieebene fortpflanzenden Strahlen dar.

Die optisch einachsigen Medien weisen ein ähnliches Verhalten auf: im Allgemeinen zerfällt der Strahl wieder in zwei Strahlen. Da, wie wir es oben gesehen haben, die eine der Achsen der Durchschnittsellipse immer dem Radius des Aequatorialkreises gleich ist, und mit einem jener Radien zusammenfällt, so schwingt einer der beiden Strahlen immer in der Aequatorialebene, also senkrecht zur optischen Achse. Es leuchtet ein, dass der letztgenannte Strahl nicht nur immer senkrecht zur Achse schwingt, sondern dass auch seine Fortpflanzungsgeschwindigkeit dieselbe ist (ordentlicher Strahl). Wenn schliesslich der Lichtstrahl das Medium in der Richtung der optischen Achse durchsetzt, so wird die Durchschnittsellipse wieder ein Kreis (Aequator), der Strahl behält also ausnahmsweise seinen einheitlichen Charakter bei, ganz wie solches in isotropen Medien ohne Ausnahme der Fall ist.

Wir werden jetzt die Erscheinungen in planparallelen Platten an der Hand der Theorie in kurzen Zügen erläutern. Dazu werden wir mit dem parallelen, polarisirten Lichte anfangen, den Condensor also entfernen. Wie schon in der Einleitung gesagt ist, schwingt das vom Polarisator hindurchgelassene Licht in einer sagittalen Ebene, und da wir den Condensor entfernt haben, finden die Schwingungen sogar ziemlich genau dem sagittalen Kreuzdraht parallel, statt. Nehmen wir nun eine planparallele Platte eines optisch einachsigen Mediums, deren optische Achse den Ebenen der Platte parallel liegt, z. B. eine auf dem Objectträger entstandene Harnstoffsäule, so werden wir an diesem Krystall die wichtigsten Erscheinungen studiren.

Falls die Nicols eines Mikroskops gekreuzt sind, und ein isotropes Medium sich im Felde befindet, so werden die sagittalen Schwingungen des Polarisators, da ja in einem isotropen Medium alle Schwingungsrichtungen möglich sind, ihren sagittalen Charakter beibehalten, werden also von dem Analysator nicht hindurchgelassen, das Feld bleibt somit dunkel. Etwas ähnliches kann sich ausnahmsweise bei unserer anisotropen Platte ereignen. Die Durchschnittsellipse der Platte (Durchschnittsfigur des Ellipsoids mit der zum Strahl senkrechten horizontalen Ebene) besitzt nämlich zwei Achsen, die geometrischen Achsen der Ellipse, deren Richtungen die beiden jetzt in der Platte möglichen Schwingungsrichtungen darstellen. Sobald eine dieser Achsen sich in der sagittalen Ebene befindet, können die sagittalen Schwingungen des Polarisators ungeändert, d. h. unter Beibehaltung ihres sagittalen Charakters durchgehen und werden also vom Analysator ausgelöscht. Die Platte bleibt somit dunkel. Bei einer vollständigen Tischdrehung (um 360 Grad) wird dieser Fall 4 Mal eintreten; die Platte wird in 4 um 90 Grad verschiedenen Lagen dunkel. (D u n k e l h e i t e i n e F o l g e d e r S c h w i n g u n g s r i c h t u n g).

Auch in einer Zwischenlage kann, jedoch nur im monochromatischen Lichte, Dunkelheit eintreten und zwar aus folgendem Grunde: in einer Zwischenlage können die Schwingungen die Platte nicht in sagittaler Richtung durchsetzen, sondern sie werden in ihre Componenten nach den Ellipsenachsen zerlegt. Da nun die Fortpflanzungsgeschwindigkeit in den beiden Schwingungsrichtungen eine verschiedene ist, so eilt, während die beiden Strahlen die Platte durchsetzen, der eine dem anderen um eine gewisse Strecke vor. Wenn wir zu diesem Versuch das monochromatische Natriumlicht verwenden, so kann bei einer gewissen Plattendicke der besondere Fall eintreten, dass der eine Strahl dem anderen eine ganze Wellenlänge vorangeeilt ist. Es tritt sodann derselbe Zustand ein, mit dem wir es zu thun hatten, bevor der Strahl in die Platte eingetreten war, d. h. als ob gar keine anisotrope Platte da wäre. Das Licht wird also von dem Analysator wieder ausgelöscht. (Dunkelheit eine Folge des Gangunterschieds).

Wäre die Dicke der Platte hingegen eine geringere gewesen, so hätten wir Licht einer geringeren Wellenlänge, z. B. monochromatisches grünes Licht benutzen müssen, um denselben Effect (nl. Dunkelheit) zu erreichen. Es ist nun ein Leichtes, die Farbenerscheinungen im weissen Lichte zu verstehen, denn welche Dicke die anisotrope Platte auch haben möge, immer werden eine oder mehrere Farben einen Gangunterschied von 1, 2, 3, n (n eine ganze Zahl) Wellenlängen erhalten, d. h. sie werden vom Analysator ausgelöscht, eine oder mehrere Farben werden aus dem weissen Licht ausfallen, das weisse Licht geht somit in farbiges Licht über. Sehr dünne Platten sind zwischen gekreuzten Nicols grau, bei etwas grösserer Dicke werden sie weiss, sodann gelb u. s. w. Man hat diese Farben classificirt, und spricht von Farben erster, zweiter, dritter und höherer Ordnung. Die wichtigsten Farben sind: Erste Ordnung (wenig lebhafte Farben): Grau, Weiss, Gelb, Orange, Roth. Zweite Ordnung (Grün tritt dem Blau gegenüber zurück): Violett, Blau, (Grün), Gelb, Orange, Roth. Dritte Ordnung (Grün sehr kräftig): Violett, Blau, Grün, Gelb, Roth.

Schliesslich entsteht in sehr dicken Platten das »Weiss höherer Ordnung«, indem hier am Ende von jeder Farbe ein Theil durch Interferenz verschwindet, also der Grund des Farbigseins des Lichtes zu bestehen aufhört. Dieses Weiss tritt übrigens nicht unvermittelt auf, denn schon in der vierten und fünften Ordnung fangen die Farben zu erblassen an. Die Folge der Farben lässt sich leicht und schön beobachten, wenn man ein nicht zu grosses, klares Quarzkörnchen aus gewöhnlichem Quarzsand mit einem nicht zu kräftigen Objectiv zwischen gekreuzten Nicols betrachtet. Am Rande findet man einen grauen Saum, mehr nach innen, wo die Dicke grösser ist, Weiss, sodann Gelb, Orange, Roth, Violett, Blau u. s. w. Die oben beschriebenen Erscheinungen gewahren wir auch dann, wenn die Platten der optischen Achse nicht parallel gehen. Je grösser der Winkel zwischen Achse und Platte jedoch wird, um so mehr nähert sich die Ellipse einem Kreis. Sobald dieser Grenzfall erreicht ist, durchsetzt das Licht die Platte in der Richtung der optischen Achse; die Platte benimmt sich ganz wie eine isotrope und bleibt zwischen gekreuzten Nicols dunkel.

2*

Die Sache verhält sich weniger einfach, wenn wir convergentes, polarisirtes Licht benutzen. Zu diesem Zweck schalten wir die Condensorlinse ein und nehmen das Ocular ab.[1]) Fangen wir wieder mit einer Platte an, deren Ebenen der optischen Achse parallel gehen und deren Achsen einem der beiden Kreuzdrähte parallel geht; für die Mitte der Platte gilt dasselbe wie für die ganze Platte im parallelen, polarisirten Lichte, da die Strahlen die Platte hier ebenfalls senkrecht durchsetzen. Auch die nächste Umgebung der beiden Kreuzdrähte ist dunkel, da die Strahlen, welche in der Nähe dieser Drähte austreten, ihren sagittalen Character haben beibehalten können. Man beobachtet also ein (sehr verwaschenes) dunkles Kreuz. Wenn wir den Tisch drehen, so wird die Mitte des Feldes hell (vergl. wieder die eben beschriebenen Erscheinungen im parallelen Lichte), auch die dunklen Balken verschwinden, das Kreuz scheint sich also zu öffnen. Die ganze Erscheinung ist aber wenig deutlich, und hat man wenige Gefahr, sie mit einem meistens sehr deutlichen, sich aber ebenfalls öffnenden Kreuze der optisch zweiachsigen Medien zu verwechseln, welches, wie unten des Näheren erörtert werden wird, jedoch aus ganz anderen Ursachen entsteht. Als gutes Beispiel dürfte wieder die Harnstoffsäule gelten.

Ein sich nicht öffnendes Kreuz gelangt bei den einachsigen Platten zur Beobachtung, wenn die Achse senkrecht zur Platte steht. Die Mitte benimmt sich selbstverständlich wieder genau so, wie es die ganze Platte im parallelen Lichte thun würde, d. h. sie bleibt in jeder Lage dunkel. Zwei schwarze Balken gehen von der Mitte aus, von denen der eine sagittal, der andere frontal verläuft (Dunkelheit eine Folge der Schwingungsrichtung). Die zwischen den Balken liegenden Quadranten zeigen dagegen farbige Ringe. Bei der Erklärung werden wir wieder mit dem monochromatischen und zwar mit dem gelben Na-Lichte anfangen. In der neben stehenden Figur bedeuten SS und FF die sagittalen und die frontalen Kreuzdrähte, die Punkte die Stellen, wo im Felde einige der (convergenten) Strahlen austreten; die zugehörigen Ellipsen, welche eigentlich nicht in der Ebene der Zeichnung liegen sollten, geben eine Vorstellung von der Lage der Durchschnittsellipse an den verschiedenen Austrittsstellen der Strahlen. Nach der Mitte des Feldes gehen die Ellipsen allmählich in den Kreis über, bis dieser Grenzfall in der Mitte selbst thatsächlich erreicht wird.

---

[1]) Es gelangt hier das kräftigste Objectiv zur Verwendung. Vergl. übrigens den Abschnitt über convergent polarisirtes Licht.

Die frontalen Achsen der Ellipsen, welche längs dem sagittalen Kreuzdraht liegen, besitzen eine horizontale Lage, die sagittalen Achsen jener Ellipsen liegen zwar in der sagittalen Ebene, sind jedoch nicht horizontal. Da die beiden Achsen jener Ellipsen aber entweder in der sagittalen oder in der frontalen Ebene liegen, so werden die Schwingungen aller hinzugehörenden Strahlen vom Analysator ausgelöscht werden; mutatis mutandis gilt dasselbe von den dem frontalen Kreuzdraht entlang austretenden Strahlen. Die Erscheinung des dunklen Kreuzes ist somit erklärt.

Fig. 2.

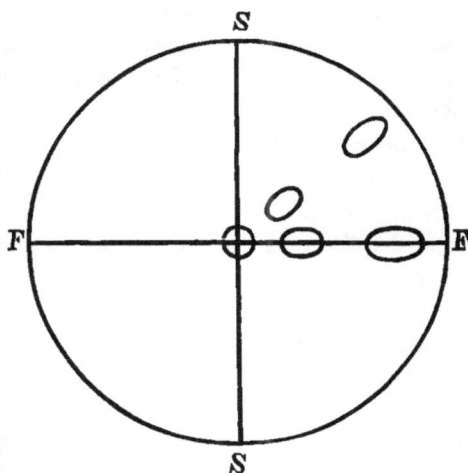

Einen ganz anderen Fall finden wir bei den Strahlen in den Quadranten; die sagittalen Schwingungen des Polarisators werden in zwei neue Schwingungsrichtungen zerlegt, welche den Ellipsenachsen parallel gehen; in den zu diesen Strahlen zugehörigen Punkten haben wir es also mit zwei Strahlen zu thun, deren der eine dem anderen um so mehr voran eilt, je mehr die Ellipse von der Kreisform abweicht, d. h. je mehr der Austrittspunkt vom Centrum des Gesichtsfeldes entfernt ist, je schräger die Platte durchsetzt wird, also je länger der in der Platte zurückgelegte Weg ist. In einer gewissen Entfernung vom Centrum werden wir also eine Stelle finden, wo für gelbes Licht der eine Strahl dem anderen eine ganze Wellenlänge vorangeeilt ist, es wird hier also Dunkelheit auftreten, und zwar nicht nur an jener Stelle, sondern auch an allen den anderen, welche gleich weit vom Centrum entfernt sind. Wir werden also einen dunklen Ring beobachten (Dunkelheit eine Folge des Gangunterschieds). Etwas weiter vom Centrum, wo der Gangunterschied zwei Wellenlängen beträgt, finden wir einen zweiten Ring u. s. w. Für rothes Licht, dessen Wellen eine grössere Länge besitzen, gilt dasselbe, nur sind die Ringe auch grösser; für blaues Licht wieder dasselbe, nur sind hier der Wellenlänge dieses Lichtes gemäss die Ringe enger, als es beim gelben Lichte der Fall

war. Selbstverständlich werden wir also im weissen Lichte farbige
·Ringe beobachten, deren Farben, vom Centrum aus gerechnet, wieder
genau so aufeinander folgen, wie es in der oben erwähnten Farben-
scala der Fall war. Es ist ohnehin leicht erklärlich, dass die Reihen-
folge der Farben hier und dort dieselbe sein muss, denn um so weiter
die Austrittspunkte vom Centrum entfernt sind, um so dicker ist
gleichsam die von ihnen durchsetzte Platte; genau dieselbe Erscheinung
würden wir also beobachten, wenn eine Platte, welche vom Centrum ab
nach der Peripherie hin gleichmässig dicker würde, von parallelem,
polarisirtem Lichte durchsetzt würde.

Wenn die optische Achse nicht genau senkrecht zur Platte steht,
so liegt der Mittelpunkt des schwarzen Kreuzes auch nicht genau in
der Mitte des Gesichtsfeldes, sondern mehr oder weniger excentrisch.
Wenn wir den Tisch drehen, so beschreibt der Mittelpunkt des Kreuzes
einen Kreis um das Centrum des Gesichtsfeldes. Die Balken des Kreuzes
bleiben während dieser Drehung den beiden Kreuzdrähten parallel. Bei
noch schrägerer Lage der optischen Achse befindet sich der Kreuzmittelpunkt ausserhalb des Gesichtsfeldes und man gewahrt bei der
Tischdrehung nur den sagittalen und den frontalen Balken, welche mit
einander abwechselnd das Feld durchstreifen. Ein gutes Beispiel der
beschriebenen Erscheinungen liefern die auf dem Objectträger entstandenen Krystalle des Natriumnitrats.

Wir werden das Studium der Erscheinungen, welche bei den
optisch zweiachsigen Medien auftreten, wieder mit dem parallelen,
polarisirten Lichte anfangen. Dazu wählen wir hier eine Platte, deren
Ebene der Achsenebene parallel geht. Denken wir uns die Durchschnittsellipse construirt, so soll die Platte nach der Theorie bei einer
vollständigen Tischdrehung in 4 Lagen dunkel, in den 4 dazwischen
liegenden Lagen dagegen hell werden, genau wie unsere einachsige, der
optischen Achse parallele Platte. Dies trifft im Allgemeinen auch in
anderen Fällen zu; nur wenn eine optische Achse senkrecht zur Platte
steht, die Durchschnittsfigur also ein Kreis wird, so findet die viermalige Auslöschung nicht statt, wie es ja aus dem Vorhergehenden be-
greiflich ist. Der Sachverhalt ist bei den zweiachsigen Medien doch
noch in einer Hinsicht complicirter, als es bei den einachsigen Medien
der Fall war. Es ist nämlich bei dieser senkrechten Lage der Achse
die Platte nicht vollständig dunkel, doch weist dieselbe einen sehr
eigenthümlichen Lichtschimmer auf. Die Ursache dieses Phänomens hat

man in der sogenannten conischen Refraction zu suchen, deren theoretische Erklärung in irgend einem ausführlicheren Lehrbuch der Physik
nachzuschlagen ist. An dieser Stelle sei nur bemerkt, dass die conische
Refraction bei den optisch einachsigen Medien nie auftritt, also unter
Umständen ein brauchbares Merkmal der optisch zweiachsigen Medien
darstellt. Das Phänomen ist nicht selten und lässt sich z. B. aus-
gezeichnet bei vielen Krystallen des Magnesiumsulfats beobachten.

Wenn die Achsenebene der Platte ˙parallel liegt, so gewahren wir
im convergenten, polarisirten Lichte dieselbe Erscheinung, die wir bei
den optisch einachsigen Platten haben kennen lernen, wenn deren einzige
Achse der Plattenebene parallel lag; d. h. in dieser besonderen Lage
sind die einachsigen und die zweiachsigen Platten einander ähnlich.
Unter den vielen möglichen Lagen sind zwei ganz besonders hervorzu-
heben und zwar:

1. Diejenige Achse des Ellipsoids, welche den spitzen Winkel der
optischen Achsen halbirt (die sogenannte spitze Bisectrix) steht senkrecht zur Platte.

2. Eine der beiden optischen Achsen steht senkrecht zu der Platte.

In dem ersteren Fall werden die Austrittspunkte der beiden optischen Achsen durch zwei schwarze Stellen im Gesichtsfelde markirt.
Wenn wir die Verbindungslinie dieser Punkte entweder in eine sagittale
oder in eine frontale Lage bringen, so erscheint ein Kreuz, das dem
einachsigen Kreuz ziemlich ähnlich ist, nur besitzen die Balken eine
verschiedene Breite, indem der Balken, der die beiden Achsenpunkte
mit einander verbindet, schmaler ist, als der senkrecht zu ihm gestellte.
Der bedeutendste Unterschied gelangt aber erst zur Beobachtung, wenn
wir den Tisch drehen. Das Kreuz öffnet sich und sobald die Achsenverbindungslinie einen Winkel von 45 Grad mit dem Drahtkreuz macht,
sind an die Stelle des Kreuzes zwei Hyperbeln getreten, deren Scheitel
die Achsenpunkte bilden. Aehnlich wie bei den einachsigen Platten
finden wir auch hier um den Austrittspunkt einer jeden optischen Achse
ein System farbiger Ringe: die äusseren Ringe beider Systeme stossen
zusammen und bilden eine 8, also eine Art Doppelring Dieser Doppelring wird wieder von einfachen, lemniscatähnlichen Ringen umgeben.
Es lässt sich dieses Achsenbild sehr schön bei einem nicht zu dünnen
Muscovit(Kaliglimmer)blättchen beobachten. Je dicker das Blättchen
ist, um so näher drängen sich die Ringe auf einander.

In dem zweiten Fall, wenn also die eine der beiden optischen Achsen senkrecht zur Plattenebene steht, erhalten wir ein ganz abweichendes Bild. Die Mitte des Feldes ist selbstverständlich mehr oder weniger dunkel, durch die Mitte geht ein schwarzer Balken, der das ganze Feld halbirt; die Mitte des Feldes ist von concentrischen, farbigen Ringen umgeben. Wenn wir den Tisch drehen, so dreht der Balken immer im entgegengesetzten Sinne. Ein sehr gutes Beispiel liefern feine, frisch sublimirte Naphthalinblättchen und öfters auch Magnesiumsulfat.

Damit wir eine bessere Einsicht über die beiden Fälle erhalten, so verfahren wir noch folgender Weise: ein ziemlich dickes Muscovitblättchen wird mit einem Wassertropfen auf die Halbkugel[1]) aufgeklebt, und das Achsenbild, während das Blättchen horizontal liegt, beobachtet. Wir drehen den Mikroskoptisch, bis die Hyperbellage erreicht worden ist. Wenn wir nun mittelst der Halbkugel das Blättchen um die Normale der Achsenverbindungslinie drehen lassen, so gelingt es allmählich, einen der Austrittspunkte der optischen Achsen in die Mitte des Gesichtsfeldes zu bringen. Wird jetzt der Tisch gedreht, so gewahren wir aufs Neue den Balken, der in entgegengesetztem Sinne des Tisches dreht. Der Hauptvortheil ist jedoch, dass man alle Uebergangsfälle zur Darstellung bringen kann, und damit einen Einblick in die sehr wechselnden Gestalten gewinnt, in welchen das Achsenbild der zweiachsigen Krystalle sich dem Auge des Beobachters darbietet. Eine sehr instructive Abänderung des Versuches erhalten wir, wenn wir aus dem Muscovit durch Spaltung Blättchen verschiedener Dicke herstellen und in derselben Weise untersuchen.

Die optisch einachsigen Krystalle.

Wir haben oben gefunden, dass die Bezugsoberfläche der optisch einachsigen Krystalle ein Rotationsellipsoid bildet. Weiter haben wir gefunden, dass der Lichtstrahl innerhalb der einachsigen Medien immer in zwei Strahlen zerfällt, deren Schwingungen senkrecht auf einander stehen; diese Regel erleidet nur eine einzige Ausnahme, wenn nämlich der Lichtstrahl sich der optischen Achse parallel fortpflanzt. In diesem letzteren Falle verhält sich der Strahl genau so, als ob das Medium.

---

[1]) Vergl. unten den diesbezüglichen Abschnitt.

in dem er schwingt, isotrop wäre. In allen übrigen Fällen haben wir die Schwingungsrichtung sowie die Geschwindigkeit finden gelernt, indem wir die zum Strahl zugehörige Durchschnittsellipse aufgesucht haben. Aus den Achsen jener Ellipse erhielten wir nunmehr die Schwingungsrichtungen, während die Achsenlängen uns die Grösse der Geschwindigkeit jeder der beiden Schwingungsrichtungen gaben. Die eine jener beiden Ellipsenachsen steht immer senkrecht zur optischen Achse und ist dem Radius des Aequatorialkreises gleich; der eine der beiden Strahlen besitzt also immer dieselbe Geschwindigkeit. Er verhält sich daher wie ein Lichtstrahl in einem isotropen Medium und wird aus diesem Grunde der ordentliche Strahl genannt. Die Geschwindigkeit des anderen Strahls ist nicht constant und vom Winkel abhängig den der zugehörige Strahl mit der optischen Achse bildet. Er wird, da er also dem gewöhnlichen Brechungsgesetz nicht gehorcht, der ausserordentliche Strahl genannt.

Wie schon gesagt, können wir uns das Rotationsellipsoid entstanden denken aus der Rotation einer Ellipse um eine ihrer beiden Achsen. Die Rotation kann entweder um die kleinere Achse oder um die grössere Achse der Ellipse statthaben. Im ersteren Fall wird das Ellipsoid der optisch positiven, im letzteren Fall dasjenige der optisch negativen Krystalle gebildet. Das positive Ellipsoid ist also gleichsam zusammengedrückt, das negative dagegen ausgedehnt. Bei den positiven Krystallen ist also die Fortpflanzungsgeschwindigkeit des ordentlichen Strahls die grössere, bei den negativen Krystallen finden wir das umgekehrte Verhältniss.

Die Lage des Ellipsoids in den einachsigen, das heisst zu den tetragonalen und hexagonalen Systemen gehörigen Krystallen, ist nun eine derartige, dass die optische Achse immer der krystallographischen Hauptachse parallel geht. Da nun die mikroskopischen Nadeln und Säulen fast immer nach dieser Hauptachse ausgedehnt sind, die Nadelachse mithin mit der Rotationsachse zusammenfällt, so gelingt es fast immer schon an den Nadeln dieser beiden Systeme das optische Zeichen zu bestimmen.

Dazu braucht man nur sowohl Gypsplatte [1]) wie Nadel in die Lage 45 Grad zu bringen. Wenn die Nadel ursprünglich das Grau erster Ordnung zeigte und diese Farbe, nachdem die Gypsplatte eingeschaltet

---

[1]) Vergl. den Abschnitt: Gypsplatte.

ist, in blau übergeht, so ist die Farbe der Gypsplatte (roth erster
Ordnung) gestiegen, sogenannte Additionsfarbe, die Schwingungsrichtung der
grösseren Fortpflanzungsgeschwindigkeit in der Nadel und in der Gypsplatte
liegen einander somit parallel, das heisst die Nadelachse gibt die Richtung
derjenigen Schwingungsrichtung an, die sich mit der grössten Geschwindigkeit fortpflanzt. Da aber die Nadelachse fast immer mit der krystallographischen Hauptachse zusammenfällt, also auch mit der Rostationsachse
des Ellipsoids, so besitzt das Ellipsoid einen optisch-negativen Charakter.
Hätte die Nadel in der oben angegebenen Lage eine gelbe Farbe auf-
gewiesen, wäre die Farbe der Gypsplatte also niedriger geworden (sogenannte Subtractionsfarbe), so hätten wir es wahrscheinlich mit einer
optisch positiven Substanz zu thun gehabt.

Das Ellipsoid der optisch einachsigen Krystalle ist ein Rotationsellipsoid, somit ist jede durch die Rotationsachse gelegte Ebene eine
Symmetrieebene des Ellipsoids; wenn wir nun die Nadel um ihre Achse
rotiren lassen, so werden die Farben vielleicht steigen, falls die Lichtstrahlen einen längeren Weg in der Nadel zurückzulegen haben, es ist
aber gleichgültig ob die Nadel in der einen oder in der entgegengesetzten Richtung gedreht wird, die Farben sind immer dieselben,
wenn nur der Rotationswinkel derselbe ist. Diese Eigenschaft bildet
einen wichtigen Unterschied den optisch zweiachsigen Nadeln gegenüber.
Näheres ist bei der Halbkugel nachzuschlagen. An derselben Stelle
ist eine Methode zur Untersuchung ganz dünner, pinakoidaler Plättchen
angegeben. Sind diese pinakoidalen Plättchen nicht zu dünn und besitzen sie eine genügende Ausdehnung, so werden sie mit Vortheil im
convergenten Lichte untersucht, da dieselben immer ein Achsenbild
zeigen. Wie wir es oben gesehen haben, besteht das Bild aus einem
schwarzen Kreuz, dessen Mittelpunkt von einer grösseren oder geringeren
Anzahl farbiger Ringe umgeben ist. Die Zahl jener Ringe wächst
mit der Dicke der Platte und mit der Intensität der Doppelbrechung
der verwendeten Substanz. Bei sehr dünnen oder sehr schwach doppelbrechenden Platten können die Ringe gänzlich fehlen. Das Gesichtsfeld
wird aber von dem Kreuze jedenfalls in vier Qudrante getheilt. Denken
wir uns einen Strahl, der zum Beispiel im ersten Quadranten austritt,
so befindet sich die eine (tangentielle) Achse der Durchschnittsellipse
in horizontaler Lage, und steht senkrecht zur optischen Achse. Die
andere (radiale) Achse besitzt dagegen eine mehr oder weniger geneigte
Lage, je nachdem der zugehörige Strahl einen grösseren oder kleineren

Winkel mit der optischen Achse bildet. Die tangentielle Achse entspricht dem ordentlichen Strahl, ist somit in allen Ellipsen gleich gross; die radiale dagegen entspricht dem ausserordentlichen Strahl und ihre Länge ist um so mehr von derjenigen der eben genannten tangentialen Achse verschieden, je excentrischer der betreffende Strahl austritt. Wie wir gesehen haben, ist bei den optisch positiven Krystallen die Geschwindigkeit des ausserordentlichen Strahls die kleinere, es sind dies also die radialen Achsen. Wenn wir daher die[1]) Gypsplatte in die Lage 45 Grad bringen, so werden im ersten Quadranten Subtractionsfarben zum Vorschein kommen, dasselbe ist im dritten Quadranten der Fall; im zweiten und vierten Quadranten finden wir dagegen Additionsfarben. Bei den optisch negativen Krystallen finden wir das entgegengesetzte Verhalten; ein schönes Beispiel liefert das Bromoform (vergleiche unten), wo in dünnen Platten der erste und dritte Quadrant blau (Additionsfarbe), der zweite und vierte Quadrant dagegen gelb erscheinen (Subtractionsfarbe). Falls die Platten dicker sind und Ringe auftreten, hat man nur auf die Farben hart am Centrum des Kreuzes zu achten.

Wenn die Lage des Kreuzes eine excentrische ist, so bleibt die Methode dieselbe, so lange nur der Kreuzmittelpunkt im Felde sichtbar bleibt; so bald aber nur ein einziger Kreuzbalken zugleich im Felde zur Beobachtung gelangt, wird die Sache etwas schwieriger. Wenn wir jedoch den Tisch drehen, so gelingt es bald die Lage des unsichtbaren Kreuzmittelpunkts aufzufinden; sodann ist aber bekannt, welcher Quadrant sich jedesmal im Gesichtsfelde befindet; aus der Farbe des Feldes lässt sich somit das optische Zeichen leicht bestimmen.

Die optisch zweiachsigen Krystalle.

Wie oben gesagt, besitzen die optisch zweiachsigen Medien ein dreiachsiges Geschwindigkeitsellipsoid. Die krystallographischen Symmetrieebenen sind immer auch Symmetrieebenen des Ellipsoids, daher seine Lage mehr oder weniger von jenen krystallographischen Symmetrieebenen bestimmt wird. Am meisten ist solches im rhombischen System der Fall, dessen drei Symmetrieebenen die Lage des Ellipsoids im Krystall fast vollständig bestimmen; in geringem Maase bei dem

---

[1]) Vergl. wieder den Abschnitt über die Gypsplatte.

monoklinen System, weil hier nur eine einzige Symmetrieebene vor-
handen ist, während schliesslich im triklinen System gar kein Zusammenhang zwischen der Lage des Ellipsoids und der Krystallbegrenzung
existirt.

In dem rhombischen System sind, wie eben bemerkt worden ist,
die krystallographischen Symmetrieebenen ebenfalls optische Symmetrieebenen. Also besteht ein ganz bestimmter Zusammenhang zwischen der
Lage des Ellipsoids und der Krystallbegrenzung, und zwar besitzen die
Ellipsoide für alle verschiedenen Farben die nämlichen Symmetrieebenen.
Damit ist jedoch nicht behauptet, dass die verschiedenen Ellipsoide
gegenseitig congruent sind; das Gegentheil ist wahr. Die Lage der
Kreisschnitte ist somit in den verschiedenen Ellipsoiden eine verschiedene,
folglich ist der Winkel der optischen Achsen nicht für alle Farben derselbe (sogenannte Dispersion der optischen Achsen). Diese Art der
Dispersion lässt sich nicht selten wahrnehmen, indem in der Interferenzfigur die Scheitel der Hyperbeln mehr oder weniger farbig erscheinen;
wo die Achsen für Roth zum Austritt gelangen, fehlt das Roth und
weist das Schwarz der Hyperbelscheitel einen Stich in's Bläuliche auf,
dort aber, wo die Achsen fürs Blau austreten, fehlt das Blau, die Farbe
ist an jener Stelle röthlich oder bräunlich. Wenn der Achsenwinkel
für rothe Strahlen also grösser ist als derjenige für blaue, so sind die
Hyperbelscheitel an der convexen Seite von einem röthlichen oder
bräunlichen Saum umgeben, die concave Seite besitzt dagegen eine
bläuliche Farbe. Ist der Achsenwinkel für rothe Strahlen der kleinere,
so verhält sich die Sache umgekehrt. In der Kreuzlage lässt sich die
Erscheinung nicht beobachten, da die Arme des Kreuzes die Durchschnittslinien der Symmetrieebenen darstellen und letztere für alle
Farben dieselben sind.

Weil in dem rhombischen System ein inniger Zusammenhang
zwischen der Krystallbegrenzung und der Lage des Ellipsoids existirt,
so wird ein derartiger Zusammenhang ebenfalls zwischen den Umrissen
des Krystalls und den Auslöschungsrichtungen (Schwingungsrichtungen)
bestehen; man drückt diesen Zusammenhang in der Weise aus, indem
man sagt: die Krystalle des rhombischen Systems löschen
gerade aus. Die Auslöschungsrichtungen gehen also entweder einer
Seite parallel oder stehen zu einer solchen senkrecht oder sie halbiren
einen Winkel. Dagegen fallen sie nur ausnahmsweise mit einer Diagonale zusammen, da geometrische Rhomben unter dem Mikroskop nicht

eben häufig sind, indem die Länge der Seite meistens mehr oder weniger verschieden ist, also Parallelogramme entstanden sind und in diesen Figuren die Diagonalen die Winkel bekanntlich nicht halbiren.

Die rhombischen Nadeln werden nach dem oben gesagten also meistens in der frontalen und in der sagittalen Lage auslöschen. Ein eigenthümlicher Unterschied den einachsigen Nadeln gegenüber tritt jedoch auf, wenn die Nadelachse mit der mittleren Ellipsenachse zusammenfällt; liegt jetzt die längere Achse horizontal, so ist die Nadel anscheinend optisch positiv, in dem entgegengesetzten Fall aber anscheinend negativ. Findet man die Nadeln irgend einer Substanz also bald positiv, bald negativ, so ist diese Beobachtung ein ziemlich sicherer Beweis für ihre Zweiachsigkeit. Ausserdem hat man den einachsigen Nadeln gegenüber ein noch besseres Merkmal in der asymmetrischen Farbenänderung, wenn die Nadeln um ihre Achse rotirt werden. Da wir es hier nämlich nicht mit einem Rotationsellipsoid zu thun haben, so ist es nicht gleichgültig, ob wir die Nadel in der einen oder in der entgegengesetzten Richtung rotiren lassen. (Näheres ist bei der Halbkugel nachzuschlagen). Bisweilen lässt sich die Gypsplatte hierbei vortheilhaft verwenden. Den monoklinen Nadeln gegenüber soll die rhombische Nadel in der Lage 0° oder 90° während einer Rotation ihre gerade Auslöschung beibehalten.

Bei den monoklinen Nadeln ist der Verband zwischen der Lage des Ellipsoids einerseits und der geometrischen Gestalt andererseits nur ganz schwach und kommt auch unter dem Mikroskop häufig nicht zum Ausdruck. Nur fällt immer eine der drei optischen Symmetrieebenen mit der einzigen krystallographischen Symmetrieebene zusammen. Die Normale zur krystallographischen Symmetrieebene ist also zugleich eine der drei Achsen des Ellipsoids; diese letztere Achse ist also für alle Farben (so viel die Richtung anbetrifft) dieselbe. Dagegen sind die Achsen, welche in der krystallographischen Symmetrieebene gelegen sind, nicht für die verschiedenen Farben dieselben, ihre Richtung ist verschieden, sie sind gegen einander dispergirt (Dispersion der Ellipsoidsachsen). Auch diese Art Dispersion gelangt unter dem Mikroskop bisweilen zur Beobachtung, indem, da die Auslöschungsrichtungen für die verschiedenen Farben nicht zusammenfallen in keiner Lage vollständige Auslöschung stattfindet. Man hat sich aber zu hüten, diesen Fall nicht mit demjenigen zu verwechseln, wo eine optische Achse senkrecht zur Platte austritt, indem auch hier die Platte (der sogenannten conischen

Refraction zufolge) nie vollständig dunkel wird. Der Austritt einer optischen Achse verräth sich aber immer leicht im convergenten polarisirten Lichte.

Die monoklinen Krystalle löschen unter dem Mikroskop nur dann gerade aus, wenn ihre Symmetrieebene vertical steht, in allen anderen Fällen ist die Auslöschung eine schiefe, das heisst ein bestimmter Zusammenhang zwischen der Krystallbegrenzung und der Auslöschung fehlt. Es gibt aber Fälle, wo diese schiefe Auslöschung sich nicht constatiren lässt, weil die zu diesem Zweck erforderlichen Vergleichslinien fehlen. In solchen Fällen ist der Krystall anscheinend rhombisch. Ein Beispiel dieser Art liefern die monoklinen Nadeln, deren Nadelachse mit der Normalen zur monoklinen Symmetrieebene zusammenfällt; die Nadelachse ist in diesem Fall eine der Achsen des Ellipsoids, folglich löscht die Nadel, gerade wie die rhombischen Nadeln, in frontaler, sowie in sagittaler Lage vollständig aus. Bei der Untersuchung rhombischer und monokliner Nadeln hat man sich also immer nach andern Krystallformen umzusehen, das heisst, man soll versuchen, die Substanz auch in mehr oder weniger plattenförmigen Gebilden auskrystallisiren zu lassen. Die Interferenzfigur der monoklinen Medien ist in der mikroskopischen |Praxis fast nie von derjenigen der rhombischen zu unterscheiden.

Das trikline System besitzt gar keine krystallographische Symmetrieebene; von einem Zusammenhang der Lage des Ellipsoids mit der Krystallbegrenzung kann also nicht die Rede sein; ausserdem decken sich die Symmetrieebenen der Ellypsoide für die verschiedenen Farben gar nicht; sämmtliche Elasticitätsachsen sind also dispergirt. Von einer geraden Auslöschung im eigentlichen Sinne kann eben so wenig die Rede sein, wenn auch immerhin der Fall sich ereignen kann, dass entweder der betreffende Krystall zufällig gerade auszulöschen scheint oder aber die Abweichung von der geraden Auslöschung eine so geringe ist, dass sie sich unter dem Mikroskop nicht feststellen lässt; ein Mikroskop ist eben kein Präcisionsinstrument!

Die Bestimmung des optischen Zeichens der optisch zweiachsigen Medien ist ein leichtes, wenn man nur über eine Platte mit Austritt beider Achsen zu verfügen hat. Die Untersuchung wird am bequemsten, wenn die Halbirungslinie der optischen Achsen senkrecht zur Platte steht; auch weniger ideale Fälle sind aber mit einiger Geschicklichkeit noch recht häufig mit Erfolg zu verwenden. Die Wahl der

Bezeichnungen positiv und negativ steht in völligem Einklang mit der bei den einachsigen Medien üblichen. Wir denken uns zu diesem Zweck den Krystall in der Hyperbellage (45 Grad) und erinnern uns, dass die mittlere Achse des Ellipsoids immer senkrecht zur Achsenebene (Ebene durch die optischen Achsen) steht; wir denken uns des weiteren, dass der Achsenwinkel sich 0 Grad nähert. Das Medium nähert sich somit einem einachsigen, das dreiachsige Ellipsoid einem Rotationsellipsoid, welches letztere entweder zusammengedrückt oder ausgedehnt ist. Im ersteren Falle (einachsig positiv) ist die Verticalachse (Rotationsachse) die kleinst mögliche Achse des betreffenden Ellipsoids. In dem dreiachsigen Ellipsoid, das sich diesem Grenzfall nähert, ist somit die mittlere Achse, welche senkrecht zur Achsenverbindungslinie steht, kleiner als die Achse, welche die beiden Hyperbelscheitel mit einander verbindet. Wenn also in der Hyperbellage die Richtung der grösseren Geschwindigkeit in der Verbindungslinie der beiden Hyperbelscheitel liegt, so ist der betreffende Krystall positiv, im entgegengesetzten Fall aber negativ. Ein Beispiel eines zweiachsigen, optisch positiven Krystalls liefert die Borsäure (s. dort).

_____

Wir werden diese kurze Besprechung der optischen Eigenschaften beschliessen mit einigen Bemerkungen über die Systembestimmung unter dem Mikroskop und zwar immer nur in Bezug auf die Praxis. Denn nichts ist leichter gegeben als eine stattliche Reihe von Methoden, aber nichts auch enttäuschender, als wenn diese eine nach der andern fehlschlagen. Und doch ist letzteres bei vielen allbekannten Methoden der Fall, wenigstens wenn sie von nicht sehr geübten Mikroskopikern verwendet werden sollen.

Isotropie finden wir im regulären System, sowie auch bei den pinakoidalen Platten des tetragonalen und des hexagonalen Systems; schliesslich bisweilen noch anscheinend in den drei übrigen Systemen, sobald eine optische Achse die Platte senkrecht durchsetzt; Verwechslung ist jedoch kaum möglich, da im couvergenten Lichte immer ein deutliches Achsenbild auftritt. Ausserdem ist ein solcher Krystall nie ganz dunkel, sondern besitzt er der sogenannten conischen Refraction zufolge fast immer einen eigenthümlichen Schimmer (Beispiel Magnesiumsulfat). Sodann findet sich noch scheinbare Isotropie, falls die Platte zu dünn ist; das Schwarzgrau der ersten Ordnung ist in diesem Fall öfters kaum von dem Schwarz der isotropen Krystalle zu unterscheiden.

Jetzt ist der Gebrauch der Gypsplatte indicirt, indem das Auge eine geringe Farbenänderung sehr leicht bemerkt.

Die Isotropie der regulären Krystalle verschwindet nicht im convergenten Lichte und bleibt auch bei der Benutzung der Halbkugel bestehen. Anders verhält sich die Sache bei den pinakoidalen Platten der optisch einachsigen Krystalle: sie zeigen im convergenten Lichte das Achsenkreuz mit oder ohne Ringe und sobald mittels der Halbkugel ihre Lage eine nicht horizontale wird, treten Farben auf. Die Empfindlichkeit des letzteren Versuchs kann wieder mit der Gypsplatte erhöht werden. Die Gestalt der Krystalle liefert für gewöhnlich recht wenige Anhaltspunkte, indem zum Beispiel ein Sechseck sowohl im regulären System (Wachsthumsform des Oktaëders), als im tetragonalen (Prisma mit Pyramide geschlossen), im hexagonalen (pinakoidale Platte) und im rhombischen System (Pyramide mit Pinakoid) u. s. w. auftreten kann. Nur bei den pinakoidalen Platten der einachsigen Krystalle ist die Begrenzung in soweit nicht ohne Bedeutung, als im tetragonalen System meistens Quadrate, im hexagonalen dagegen meistens Sechsecke vorkommen. Dieser Umstand ist um so wichtiger, als zwischen den beiden genannten Systemen in optischer Hinsicht nicht einmal ein theoretischer Unterschied besteht, wie solches bei allen den übrigen Systemen wohl der Fall ist.

Die zweiachsigen Krystalle sind fast immer mittels ihres Achsenbildes von den einachsigen zu trennen. Nur wo man kein Achsenbild erhalten kann, verhält sich die Sache schwieriger; die bekannten »Nadeln« liefern ein unliebsames Beispiel. Am Leichtesten wird man die rhombische Nadel mit einer einachsigen verwechseln, man hat aber in's Auge zu fassen, dass, wenn einige Nadeln anscheinend positiv, andere negativ sind, die Substanz wahrscheinlich zum rhombischen System gehört; die Nadelachse ist dann die mittlere Achse des Ellipsoids. Wenn also die kleinste Achse zufällig eine horizontale Lage besitzt, so ist der Krystall scheinbar negativ, liegt dagegen die grösste Achse horizontal, so ist die Nadel anscheinend positiv. Wenn wir weiter die Nadel auf der Halbkugel um ihre Achse drehen, so ist es bei den einachsigen Nadeln gleichgültig, ob wir die Rotation in dem einen oder in dem entgegengesetzten Sinn vornehmen, da ja das Ellipsoid ein Rotationskörper ist. Dieser Grund existirt nicht bei den optisch zweiachsigen Nadeln, wir erhalten also in dem einen oder anderen Fall mehr oder weniger verschiedene Farben. Nöthigenfalls ist die Gypsplatte wieder zu Hülfe zu rufen. Die monoklinen und triklinen Nadeln besitzen meistens eine schiefe Auslöschung. Ist die Auslöschung aber zufällig eine gerade, so braucht man die Nadel nur um ihre Achse rotiren zu lassen, damit die schiefe Auslöschung zum Vorschein kommt.

Im Gegensatz zu den Nadeln der monoklinen und triklinen Systeme behalten die Nadeln der tetragonalen, hexagonalen und rhombischen Systeme ihre gerade Auslöschung bei, wenn man sie in horizontaler Lage um ihre Achse rotiren lässt.

Bei den monoklinen Nadeln tritt ein schon erwähnter, verfänglicher Fall auf, so bald die Nadelachse mit der Normalen der krystallographischen Symmetrieebene sich deckt, indem hier Zusammenhang zwischen der Lage des Ellipsoids und der Nadelbegrenzung besteht, die Nadel somit unter allen Umständen gerade auslöscht. Das einzig mögliche ist in diesem Fall nach anders gebildeten Krystallen derselben Substanz zu suchen. Schliesslich seien hier noch ein Paar optische Erscheinungen erwähnt, welche zwar ziemlich selten sind in der mikroskopischen Praxis, eventuell aber räthselhaft scheinen dürften, wenn die Aufmerksamkeit nicht zuvor auf sie gelenkt wäre. Es sind gemeint der Pleochroismus und eine gewisse Folge der Verzwillingung.

1. Pleochroismus. In anisotropen, farbigen Krystallen wird der eine Strahl häufig merklich kräftiger absorbirt als der andere. Daher ein Farbenwechsel (auch wenn der Analysator abgehoben ist), wenn man den Tisch dreht. Schon in der Einleitung ist ein Beispiel gegeben in den Eisensalmiakwürfeln. Sehr schön ist auch der Herapathit und die Krystalle aus einer Lösung von Benzochinon und Resorcin in Benzol. Auch Kupferacetat (siehe unten) ist schön pleochroitisch.

2. Superposition von Zwillingen. Ein ausgezeichnetes Beispiel liefert das Caffeïn. Die feinen Nadeln löschen in keiner Lage aus; bei sehr starker Vergrösserung oder auch bei mässiger, wenn es gelingt Nadeln mit verbreiterten Endungen aufzufinden, zeigt sich dass man es mit Zwillingen zu thun hat, deren Schwingungsrichtungen nicht parallel gehen. Wo sie an den dünnen Stellen der Nadeln einander zum Theil bedecken ist also in keiner Weise Dunkelheit zu erreichen. Es ist dies eine Folge der sogenannten elliptischen Polarisation. Der Fall lässt sich im Grossen leicht nachahmen, indem man zwei Glimmerblättchen in nicht paralleler Lage auf einander legt. Auch jetzt existirt keine Dunkelstellung.

Convergent polarisirtes Licht.

Wir werden hier zwei Fälle unterscheiden, je nachdem der Be-
obachter entweder über stärkere Objective zu verfügen hat oder nicht.
In ersterem Falle verwenden wir das stärkste Objectiv und wählen be-
hufs erster Orientirung ein nicht zu dünnes Muscovit (Glimmer)blättchen.
Nachdem wir die Nicols gekreuzt und den Tubus richtig eingestellt
haben, wird das Ocular entfernt. Das Gesichtsfeld ist sehr klein und
wird von einem deutlichen Interferenzbildchen ganz ausgefüllt. Letzteres
ist zumal dann sehr schön, wenn sich im Tisch eine Condensorlinse
vorfindet. Beim Drehen des Tisches gewahrt man eine fortwährende
Abwechslung von schwarzen Hyperbeln und Kreuzen, während die
farbigen Ringe sich zwar bewegen, ihre Gestalt jedoch nicht ändern.
Je dicker die Platte, um so zahlreicher sind die Ringe. Ein ähnliches
Interferenzbild findet man beim Ureumnitrat (ebenfalls zweiachsig). Den
Austritt nur einer einzigen optischen Achse zeigt zum Beispiel häufig
Magnesiumsulfat. Unter den einachsigen Krystallen liefern gute Beispiele:
feine Kalkspathsplitter und Krystalle des Natriumnitrats, wo die optische
Achse meistens einen excentrischen Austritt besitzt. Besonders inter-
essant sind die Krystalle des Bromoforms mit genau centralem Achsen-
austritt (v. i.).

Für den Fall, dass man nur schwache Objective besitzt (zum Beispiel Zeiss A, oder auch Hartnack 4) schlage man den folgenden
Weg ein, wobei das Ocular nicht ausgeschaltet wird. Auf das Präparat
wird ein grosses Deckgläschen gelegt, auf letzteres ein Tropfen Glycerin
gebracht und mit einem Stäbchen schnell gerührt, so dass ein ganz feiner
Schaum entsteht. Jetzt lege man ein kleines Deckgläschen auf und be-
obachte mit der genannten mässigen Vergrösserung zwischen gekreuzten
Nicols die ganz kleinen, im Glycerin schwebenden Libellen, senke nun
den Tubus um ein Geringes, und indem die Libellen an die Stelle des
Objectivs bei dem vorigen Verfahren treten, erscheint in jeder Libelle,
sobald sie über einem geeigneten Krystall schwebt, ein schönes Achsenbild, dessen optischer Character ganz gut zu untersuchen ist. In manchen
Fällen ist es einfacher, wenn man den Schaum in Canadabalsam her-
vorruft und diese Substanz unmittelbar auf die zu untersuchenden
Krystalle bringt.

Bemerkenswerth ist noch das Verhalten von sehr dünnen Platten
optisch zweiachsiger Krystalle, woselbst es sich ereignen kann, dass

sich die Hyperbeln in ein sich nicht öffnendes Kreuz umgewandelt haben. Die Ursache dieses Phänomens ist unschwer aufzufinden: in den normalen Fällen ist die Mitte des Feldes zwischen den zwei Hyperbelscheiteln farbig; bei allmählich abnehmender Dicke aber geht die Farbe anfangs in Grau erster Ordnung und schliesslich fast in Schwarz über; die Hyperbeln sind zu einem Kreuze verkittet. Es hat also den Anschein, als ob auch das zweiachsige Kreuz sich nicht öffnet und eben dadurch wird es dem einachsigen Kreuz täuschend ähnlich.

Die Gypsplatte.

Nach den bis jetzt beschriebenen Methoden ist es zwar möglich die Auslöschungsrichtungen in einer Krystallplatte zu bestimmen, somit die Lage der Schwingungsrichtung, das heisst die Lage der beiden Achsen der Durchschnittsellipse zu finden, dagegen haben wir noch nicht zu bestimmen gelernt, welche von jenen beiden Schwingungsrichtungen die Richtung der grösseren, welche die Richtung der kleineren Geschwindigkeit sei. Zur Lösung der letzteren Frage verwenden wir mit Vortheil die Gypsplatte. Das Princip derselben ergibt sich aus der folgenden Erwägung. Wenn zwei Krystallplatten derart superponirt werden, dass deren Ellipsenachsen einander parallel zu liegen kommen, so sind zwei Fälle zu unterscheiden:

a) Die Schwingungsrichtungen grösserer Geschwindigkeit in beiden Platten liegen einander parallel.

b) Die Schwingungsrichtungen grösserer Geschwindigkeit in beiden Platten stehen zu einander senkrecht.

Im ersteren Falle bilden die beiden Platten zusammen gewissermaassen eine einheitliche Platte von grösserer Dicke, die Interferenzfarben werden somit steigen; im letzteren Falle dagegen wird der Strahl der in der unteren Platte vorgeeilt ist, in der oberen Platte zurückbleiben, die beiden Platten wirken einander entgegen, sie bilden in optischem Sinne gleichsam eine einheitliche Platte von geringerer Dicke als eine aus den beiden Componenten zusammengesetzte Platte, die Interferenzfarben werden also fallen. Die Gypsplatte besteht nun im Wesentlichen aus einem Spaltblättchen dieses Minerals von einer solchen Dicke, dass die Platte zwischen gekreuzten Nicols das Roth erster Ordnung aufweist. Die Schwingungsrichtung grösserer Geschwindigkeit ist meistens durch einen Pfeil oder Strich angegeben, sie lässt sich übrigens, wie wir es bald

sehen werden, auch sonst immer leicht wieder auffinden. Die Platte
wird in der Lage 45 Grad auf das Ocular aufgelegt und der Nicol
aufgesetzt. Das Gesichtsfeld ist jetzt in seiner ganzen Ausdehnung roth.
Wenn wir jetzt eine schwach doppelbrechende Platte, welche zwischen
gekreuzten Nicols Grau erster Ordnung aufweist, unter das Mikroskop
bringen, so ist dieselbe mit dem Felde gleichfarbig, sobald ihre
Schwingungsrichtungen entweder frontal oder sagittal liegen. In der
Lage 45 Grad ist dagegen ihre Farbe entweder Orange (Subtraction),
wenn die Richtung der grösseren Geschwindigkeit der Platte zur Richtung
der grösseren Geschwindigkeit der Gypsplatte senkrecht steht, die beiden
Platten ihre Wirkung also mehr oder weniger aufheben; — oder die
Farbe ist Blau (Addition), die längeren Achsen beider Platten liegen
einander parallel, die beiden Platten unterstützen sich, die Farbe
steigert sich.

Es ist besonders instructiv den Versuch mit den leicht herzustellenden Spaltblättchen des Muscovits vorzunehmen. Bei einigermaassen
dickeren Blättchen wird die Subtractionsfarbe gelb, sodann weiss und
grau und schliesslich, wenn das Muscovitblättchen eine solche Dicke erreicht hat, dass es an sich ebenfalls Roth erster Ordnung zeigen würde,
so wird die Subtractionsfarbe schwarz: Gypsplatte und Glimmerblättchen
heben sich in ihrer optischen Wirkung völlig auf. Bei noch grösserer
Dicke des Muscovitblättchens treten von neuem Farben auf und zwar
der Reihe nach Weiss, Gelb, Orange, Roth, Blau u. s. w. Eine Folge
dessen ist, dass es bei sehr dicken oder auch sehr stark doppelbrechenden
Platten fraglich werden kann, ob wir es mit Subtractions- oder aber mit
Additionsfarben zu thun haben. In derartigen Fällen wird deshalb die
Gypsplatte vortheilhaft mit einer Muscovitplatte vertauscht, welche an sich
zwischen gekreuzten Nicols das Grau erster Ordnung aufweist (sogenannte
Viertelundulationsglimmerplatte). Die Wirkung ist übrigens derjenigen
der Gypsplatte durchaus ähnlich: bei der letzteren wurde das Grau
erster Ordnung der zu untersuchenden Platte von dem Roth erster
Ordnung der Gypsplatte gleichsam subtrahirt; bei der Glimmerplatte
können wir uns die Sache der Art denken, dass zum Beispiel von dem
Grün dritter Ordnung der dicken, zu untersuchenden Platte das Grau
der Glimmerplatte »subtrahirt« wird. Diese Darstellung, wenn auch
willkürlich, ist in so weit unserer Denkart geläufig, weil in den beiden
Fällen die kleinere Grösse von der grösseren subtrahirt wird.

In den Säulen des Harnstoffs steht die Richtung der grösseren Geschwindigkeit senkrecht zur Säulenachse (krystallographische Hauptachse): der Harnstoff ist somit optisch positiv. Mittelst dieser unschwer herzustellenden Krystalle ist es ein Leichtes in der Gypsplatte die Richtung der grösseren Geschwindigkeit aufzufinden, falls dieselbe nicht auf der Platte verzeichnet worden ist.

Wenn wir also im Stande sind mittelst der Gyps- beziehungsweise Glimmerplatte die Lage der grossen Geschwindigkeit in den einachsigen Säulen und Nadeln zu bestimmen, so sind wir dem zu Folge auch im Stande das optische Zeichen zu bestimmen. Schwieriger dagegen ist der Sachverhalt bei den optisch zweiachsigen Krystallen: die Frage lässt sich hier nur im convergenten polarisirten Lichte entscheiden. Wir wählen also einen Krystall, der im convergenten polarisirten Licht Austritt der beiden Achsen zeigt, bringen den Krystall in die Hyperbellage, und untersuchen ihn mittelst der Gypsplatte. Falls die Verbindungslinie der Achsenaustrittspunkte (Hyperbelscheitel) die Richtung der grösseren Geschwindigkeit ist, so ist der betreffende Krystall optisch positiv, in dem entgegengesetzten Falle aber negativ.

Auch bei den einachsigen Krystallen lässt sich im convergenten polarisirten Lichte die Gypsplatte vortheilhaft verwenden: wenn nämlich in den Quadranten des Interferenzkreuzes die Durchschnittsellipse mit der längeren Achse nach dem Centrum des Kreuzes hinweist, so ist die Platte optisch negativ. Diese Methode lässt sich noch bei einem bedeutend excentrischen Achsenaustritt bequem verwenden.

Die Halbkugel.

. Schon vor Jahren habe ich die Bemerkung gemacht, dass ausser der gewöhnlichen Beobachtungsmethode im parallelen und convergenten, polarisirten Lichte, auch die schiefe Beleuchtung im parallelen, polarisirten Lichte entschiedene Vortheile bietet, indem es damit zum Beispiel möglich ist optisch einachsige von optisch zweiachsigen Nadeln zu unterscheiden. Während zum Beispiel die tetragonalen, die hexagonalen, die rhombischen und einige monokline Nadeln in horizontaler Lage eine gerade Auslöschung aufweisen, ist dieses in anderen Lagen durchaus nicht bei allen Gruppen der Fall.

Es wäre also erwünscht, eine einfache Vorrichtung aufzufinden, die Nadeln aus ihrer horizontalen Lage zu bringen, ohne eine ruhige Beobachtung zu beeinträchtigen. Selbstverständlich hat die Vorrichtung sodann der Forderung zu genügen, dass die Nadel bei dieser Operation nicht aus der Mitte des Gesichtsfeldes rückt und immer den gleichen Abstand vom Objectiv innehält. Jenen Anforderungen entspricht eine gläserne Halbkugel, welche mit der convexen Ebene in der runden Oeffnung des Mikroskoptisches ruht, während die flache Ebene als Tisch für das Object gebraucht wird. Der Radius der Oeffnung in dem eigentlichen Mikroskoptisch beträgt etwa 9 *mm*, der Radius der Halbkugel etwa 15 *mm*. Die Halbkugel mag nun in jeder denkbaren Weise gedreht werden, der Mittelpunkt, also auch die Mitte unseres Hülftisches, rückt nicht von der Stelle. Um den Hülftisch in eine genau horizontale Lage zu bringen, braucht man nur den Mikroskoptubus zu senken, und das Objectiv ganz vorsichtig aufzudrücken. Die zu untersuchende Lösung lässt man auf einem ganz dünnen Deckgläschen auskrystallisiren und klebt selbiges mit etwas Oel oder Canadabalsam auf den Glastisch. Die zu beobachtende Nadel wird nun gehörig centrirt und zum Beispiel mit dem sagittalen Kreuzdraht zur Deckung gebracht. Die Nadel kann jetzt gedreht werden:

1) um ihre eigene Achse,
2) um die horizontale Normale zu ihrer eigenen Achse,
3) um beide Achsen nacheinander,
4) um die Verticale, indem man den eigentlichen Mikroskoptisch dreht.

Ein Paar praktische Verwendungen mögen hier folgen.

I. Unterscheidung isotroper und einachsig-pinakoidaler Plättchen.

Wie bekannt, tritt das Octaëder bei auf einem Deckgläschen entstandenen Krystallisationen häufig in der Form regelmässiger Sechsecke auf und wird sodann einem pinakoidalen, hexagonalen Plättchen täuschend ähnlich. Convergent polarisirtes Licht gibt zwar Aufschluss, aber doch nur, wenn die Platten nicht allzu klein sind oder zu geringe Doppelbrechung aufweisen. Wenn wir die Platten aber auf die Halbkugel bringen, dieselbe neigen und den Mikroskoptisch drehen, so tritt sofort abwechselnd hell und dunkel auf — nur hat man sich wie immer vor auffallendem Lichte zu hüten, und dieses zum Beispiel mit der Hand abzuhalten. Auch die Gypsplatte kann in zweifelhaften Fällen gebraucht werden und ist immerhin dienlich zur Bestimmung des optischen Zeichens.

Wenn die Halbkugel um die Linie 135 Grad gedreht wird, so ist die Platte optisch positiv, falls die rothe Farbe der Gypsplatte in Orange, dagegen negativ, wenn sie in Blau übergeht.

II. Unterscheidung optisch ein- und zweiachsiger Nadeln.

Bei den üblichen Beobachtungsweisen löschen sehr viele Nadeln, häufig ganz verschiedener Krystallsysteme gerade aus; und zwar bei horizontaler Lage die tetragonalen, die hexagonalen, die rhombischen (wenn die Nadelachse, wie fast immer mit einer, krystallographischen Achse zusammenfällt) und auch die monoklinen Nadeln, falls deren Achse sich mit der Normalen zur krystallographischen Symmetrieebene deckt. Ausserdem noch in ganz besonderen Lagen die übrigen monoklinen und die triklinen Nadeln. Die gerade Auslöschung ohne Weiteres ist also kein sehr brauchbares Kriterium. Mit der Halbkugel lässt sich aber öfters eine Entscheidung herbeiführen.

Wir wollen erstens der Nadel eine Drehung um ihre eigene Achse geben, während welcher sie also ihre ursprünglich horizontale Lage beibehält. Wenn nun die Nadel ihre gerade Auslöschung beibehält, so gehört sie dem tetragonalen, dem hexagonalen oder dem rhombischen System an oder auch dem oben besonders erwähnten Fall des monoklinen Systems. Löscht sie dagegen schief aus, so ist ihr Charakter entweder monoklin oder triklin.

Schliesslich lässt sich die Halbkugel noch in der Weise verwenden, dass die Nadel in die Lage 45 Grad gebracht und sodann um ihre eigene Achse gedreht wird. Bei den optisch einachsigen Nadeln ist es gleichgültig, ob wir die Drehung in der einen oder in der anderen Richtung vornehmen, weil das Ellipsoid der optisch einachsigen Medien ein Rotationsellipsoid ist, die Rotation also keine bemerkbare Folgen mit sich bringt. Etwas anderes ist es bei den zweiachsigen Medien, indem hier bei irgend einer Rotation eine deutliche Aenderung der Lage eintritt; diese Thatsache hat zur Folge, dass zum Beispiel bei einer Rotation in dem einen Sinne die Farben sich steigern, bei einer in entgegengesetztem Sinne aber fallen, oder auch in dem einen sich in bedeutenderem Maasse ändern als in dem andern. Auch hier lässt sich bei Nadeln mit schwacher Doppelbrechung die Gypsplatte vortheilhaft verwenden.

Reguläres System.

Kaliumplatinchlorid.

Ein Tropfen einer nicht zu sehr verdünnten Chlorkaliumlösung wird mit einem Tropfen einer Platinchloridlösung vorsichtig in Verbindung gebracht. Das Präcipitat entsteht sofort; nach einiger Zeit gewahrt man sehr schön ausgebildete Oktaëder; bald schwimmen diese an der Oberfläche des Tropfens, und sind sodann leicht als solche zu erkennen, bald ruhen sie auf einer Ecke und zeigen das Bild scharf begrenzter Quadrate, ein jedes mit zwei Diagonalen, bald auch stützen sie sich auf eine Kante und bilden Rhomben mit einer einzigen Diagonale, schliesslich können sie auf einer ihrer Flächen aufliegen. Wenn sie in diesem Falle sehr dünn sind, so bilden sie entweder ein Dreieck oder ein Sechseck; sind sie dagegen isodiametrisch ausgebildet, so wird die Erscheinung einigermaassen complicirter. Die obere und die untere Fläche, zwei gegen einander um 60° gedrehte, gleichseitige Dreiecke, fallen am ersten auf. Ihre Eckpunkte sind durch Kantenlinien gegenseitig verbunden; bei einiger Anstrengung gelingt es leicht, das Oktaëder zu erkennen.

Wir hatten es bis jetzt mit Krystallen zu thun, welche sich eines ruhigen Wachsthums erfreut hatten; bei anderen Individuen ist dies nicht der Fall gewesen, in wenigen Secunden waren diese Krystalle fertig ausgebildet. Dabei befanden sich die Eckpunkte in günstigeren Nahrungsverhältnissen als die Kanten, zu Folge dessen sie denn auch ein beträchtlicheres Wachsthum als diese aufweisen: es sind drei-, vier- oder auch sechsblätterige Rosetten entstanden. Wenn die Verhältnisse noch ungünstigere waren, so erhält man ein in noch höherem Grade abweichendes Bild, das Oktaëder hat sich fast nur in der Richtung der Eckpunkte entwickelt, und den entstandenen Körper kann man nicht besser vergleichen als mit einem Modell der krystallographischen Achsen des regulären Systems: drei zu einander senkrechte Stäbchen, ein sechsarmiges Kreuz. Die frei schwimmenden Individuen sind wieder am leichtesten zu deuten; liegen aber vier der Arme horizontal, so erscheint ein vierarmiges Kreuz. Die obengenannten Dreiecke und Sechsecke wachsen bei einer übereilten Krystallisation beziehungsweise zu drei- und sechsarmigen Rosetten aus. Wenn sich schliesslich das Wachsthum wieder verlangsamt hat, so enden die Arme öfters in mehr oder weniger deutlich ausgebildeten Oktaëdern.

Bei allem Formenreichthum haben die verschiedenen Gebilde jedoch die Isotropie gemein, das heisst sie bleiben zwischen gekreuzten Nicols in jeder Lage dunkel; selbstverständlich hat man auffallendes Licht mit der Hand abzuhalten. Der Brechungsindex ist sehr hoch, indem die Krystalle ihre Totalreflexion nicht einmal in Jodmethylen ganz verlieren.

Sehr ähnlich ist bekanntlich das Ammoniumplatinchlorid, das Rubidium- und das Cäsiumplatinchlorid. Die letzteren Verbindungen sind weniger löslich und treten somit in kleineren Krystallen auf. In noch höherem Maasse gilt dieses von der Thalliumverbindung. Diese Verbindung gibt ein gutes Beispiel der häufig irrthümlichen Bezeichnung »amorphes Pulver« oder »amorphes Präcipitat«. Wenn man nämlich eine ziemlich concentrirte Lösung eines Thalliumsalzes mit der Platinchloridlösung zusammenbringt, so entsteht anfangs ein überaus feines Präcipitat, dessen Formen dem Auge bei einer mässigen Vergrösserung völlig entgehen. Nach einigem Suchen findet man aber leicht ganz kleine Kreuze und ähnliche erkennbare Gebilde, welche um so zahlreicher und grösser werden mit je verdünnterer Lösung man operirt.

Chlorthallium.

Metallisches Thallium wird in nicht zu verdünnter Schwefelsäure gelöst, die Lösung mit Wasser versetzt, und ein kleiner Tropfen Salzsäure vorsichtig hinzugefügt. Es entsteht ein reichliches Präcipitat. Die nachstehenden Formen finden sich öfters, wenn sie auch nicht alle zusammen in einem einzigen Präparat aufzutreten brauchen.

Sehr kleine Kuben, nicht selten mit vom Oktaëder abgestumpften Ecken, oder auch die Oktaëder selbst.

Rosetten und Dendriten, ähnlich denjenigen des Kaliumplatinchlorids.

Sehr dünne, hakenförmige Gebilde u. s. w.

Da das Thalliumchlorid in heissem Wasser löslich ist, kann man durch Erwärmung umkrystallisiren und erhält sodann wieder die Kuben sowie auch Dendriten. Die Substanz ist stark lichtbrechend, denn auch in Jodmethylen bleibt die Totalreflexion deutlich sichtbar.

Chlorsilber.

Ein wasserlösliches Silbersalz wird mit Salzsäure gefällt, das Präcipitat ausgewaschen und mit einem Tropfen Ammoniak gelöst. Die Lösung wird vor Tageslicht geschützt und sich selbst überlassen. Es entstehen Kuben und Kubooktaëder von sehr hoher Brechung.

Chlornatrium.

Die Krystalle sind immer ziemlich dieselben, es sei, dass man die Lösung sich selbst überlässt, oder sie durch Erwärmen eintrocknet, oder schliesslich das Salz entweder mit Alkohol oder mit Salzsäure präcipitirt. Fast immer erhält man Kuben und Quadrate, während eigentliche Wachsthumsformen, wie wir sie bei den vorigen Verbindungen haben kennen lernen, verhältnissmässig selten sind.   Oktaëder oder Kubooktaëder finden sich nicht oft; wenn man die Lösung aber mit einer Spur von Harnstoff versetzt, so werden diese Formen häufiger, ein gutes Beispiel, dass man sich nicht zu sehr auf den Habitus einer krystallisirten Substanz verlassen soll.   Nur die physikalischen Eigenschaften, sowie das Krystallsystem sind maassgebend.   Jedoch auch in dieser Hinsicht ist das Chlornatrium interessant, da es bekanntlich noch in einer anderen und zwar anisotropen Modification auftritt.   Dieselbe entsteht sonst bei einer Temperatur von -10^0, jedoch kann man sie auch unter dem Mikroskop und zwar im Mikroexsiccator zur Darstellung bringen.   Die schnelle Verdunstung bringt nämlich eine solche Temperaturerniedrigung mit sich, dass unter den Kuben auch grosse, anisotrope, in die Länge gezogene, sechsseitige Tafeln entstehen.   Sobald aber das Präparat eingetrocknet ist, hört die Kälteerzeugung auf und im Nu sind die Tafeln in ein Aggregat kleiner Kuben zerfallen.   Ein Tropfen Schwefelkohlenstoff oder Aether als Kälteerzeuger auf dem Deckgläschen hemmt diesen Rückgangsprocess.   Die reguläre Modification besitzt einen Brechungsindex zwischen denjenigen von Nelkenöl und Anisöl.

Bromnatrium.

Dem vorigen Salz sehr ähnlich, nur entsteht die anisotrope Modification auch schon bei gewöhnlicher Temperatur und ausserhalb des Mikroexsiccators; bei selbst schwacher Erwärmung erhält man nur die ¡sotropen Kuben.

Jodnatrium.

Wie Bromnatrium; bei Erwärmung werden isotrope Kuben gebildet.

Chlorkalium.

Immer derselbe Typus; nur isotrope Krystalle, bisweilen Wachsthumsformen vom Kubus.   Die Totalreflexion verschwindet in Benzol und in Xylol.

Bromkalium.

Verschwindet in Anisöl.

Jodkalium.

Die Krystallisation findet vorzugsweise von den Ausbuchtungen des Tropfens aus statt. Verschwindet etwa in α-Monobromnaphtalin.

Kieselfluorkalium.

Die Lösung irgend eines Kaliumsalzes (Natriumfrei) wird mit Kieselfluorwasserstoffsäure versetzt; es entstehen »blasse«, kaum sichtbare Würfel, welche also etwa den Brechungsindex der Lösung (in diesem Falle etwa denjenigen des Wassers) besitzen. Nach Verdunstung der Lösung, mit einer anderen Flüssigkeit, zum Beispiel mit Xylol betupft, werden sie deutlich sichtbar.

Kaliumphosphomolybdat.

Das bekannte Präcipitat besteht aus mehr oder weniger abgerundeten Oktaëdern, Kuben und Rhombendodekaëdern. Die Isotropie bildet einen sicheren Beleg für die Zugehörigkeit zum regulären System.

Kaliumkobaltnitrit.

Aus der Lösung eines Kobaltsalzes werden mit Kaliumnitrit und Essigsäure Würfel und Oktaëder gefällt. Bei zu starker Concentration werden die Krystalle klein und undeutlich. Sie verschwinden ziemlich vollständig in Jodmethylen.

Kaliumnickelbleinitrit.

Dem vorigen Salz sehr ähnlich.

Kaliumalaun.

Wenn man die Krystallisation im Mikroexsiccator vornimmt, so entstehen ausser schönen Oktaëdern auch deren Wachsthumsformen, dendritische Gebilde, jedoch viel grösser und in mehr zusammenhängenden Partieen als bei dem Kaliumplatinchlorid. Die Krystalle verschwinden in Cajeputöl. Beim Erhitzen des Tropfens tritt Zersetzung auf und entstehen zuweilen optisch negative Sphärokrystalle mit im parallelen polarisirten Lichte windschiefen, schwarzen Kreuzen.

Strontiumnitrat.

Im Allgemeinen dem vorigen Salz nicht unähnlich. Es finden sich Oktaëder und Kubooktaëder. Sechsecke können recht häufig werden.

Die Winkel messen immer 120⁰, die Seiten sind aber durchaus nicht
immer von gleicher Länge, bald sind sie abwechselnd kürzer, bald fehlt
deren eine, bald deren zwei (Trapez), bald drei (Dreieck) u. s. w. Verschwindet in Anisöl. Aus kalter Lösung können anisotrope Krystalle
entstehen mit 4 Molekülen Wasser.

Baryumnitrat.

Dem vorigen Salz täuschend ähnlich; der Brechungsindex ist etwas
grösser als derjenige des Anisöls. Eine der Bildungsweisen dieses Salzes
lässt sich unter Umständen als eine Reaction auf Salpetersäure verwenden. In die Aushöhlung des Mikroexsiccators wird ein Körnchen
irgend eines Nitrats gebracht und mit Schwefelsäure benetzt; unten am
Deckgläschen ist ein Tropfen Barytwasser angehängt. In diesem Tropfen
entstehen die typischen Krystalle des Baryumnitrats.

Bleinitrat.

Wie Baryumnitrat, verschwindet jedoch nicht einmal ganz in Jodmethylen. Das Bleinitrat gibt eine gute Gelegenheit, die Aufmerksamkeit auf das Vorkommen sogenannter optischen Anomalien zu lenken.

»Unter optischen Anomalien verstehen wir (nach Brauns) die
Abweichungen von dem einer krystallisirten Substanz eigenthümlichen,
oder dem durch die Symmetrie der Form bestimmten optischen Verhalten.«

Wenn wir einen Tropfen einer Bleinitratlösung mit einer Lösung
von Baryumnitrat versetzen, und auskrystallisiren lassen, so gewahren wir
im gewöhnlichen Lichte nichts besonderes. Im polarisirten Lichte dagegen lässt sicht ein bedeutender Unterschied bemerken. Die Krystalle
heben sich mehr oder weniger hell von dem dunkelen Felde ab; sie
sind offenbar anisotrop und doch sonst den Krystallen des reinen Blei-
nitrats durchaus ähnlich: eine »optische Anomalie«. Mit der Gypsplatte
beobachtet sind zum Beispiel die Quadrate in 4 Sectoren getheilt, deren
zwei einander gegenüber liegende sich in optischer Hinsicht ähnlich
verhalten. Besonders gute Beispiele der optischen Anomalien liefert
unter Umständen der

Salmiak.

Bei dieser Verbindung herrschen die Wachsthumsformen entschieden
vor und zwar findet man meistens farnkrautähnliche Dendriten, wenn
auch einfachere Formen nicht ausgeschlossen sind. Die Dendriten sind

in. solcher Weise gebildet, dass sie nur unbedeutende Ränder totaler Reflexion aufweisen können, also in vielen Flüssigkeiten erblassen und der Brechungsindex schwierig zu bestimmen ist. Es ist daher rathsam, sie zuvor mit einer Nadel zu zerstückeln; die schwarzen Ränder werden jetzt sehr deutlich, und verschwinden erst in Schwefelkohlenstoff. Da die Dispersion der verschiedenen Farben für beide Stoffe sehr verschieden ist, so verschwinden die Krystalle nicht für alle Farben gleichzeitig; es entstehen also mehr oder weniger lebhaft colorirte Ränder.

Eine ganz andere Gestalt erhalten die Krystalle, wenn wir die Lösung zuvor mit einem anderen Chlorid, entweder des Eisens oder des Kobalts, des Nickels, des Cadmiums u. s. w. versetzt haben.[1]) Aus der Lösung entstehen beim Eintrocknen gewöhnlich Quadrate, die wieder als Hexaëder zu deuten sind. Ueber dem Polarisator betrachtet, zeigen sich die Eisen-, Kobalt- und Nickelhaltigen pleochroitisch und zwar wird in jedem Sector der Strahl, dessen Schwingungen senkrecht zur Kante stehen, am stärksten resorbirt. Der Pleochroismus bei den eisenhaltigen ist sehr deutlich (cf. die Einleitung); die Farben gehen von Braun bis Hellgelb; bei den Mischkrystallen von Kobalt von Rosenroth bis farblos; die Salmiakkrystalle mit einem Nickelgehalt sind hell grüngelb bis farblos.

Wenn man die Krystalle zwischen gekreuzten Nicols beobachtet, so findet man, dass in jedem Sector die längere Achse der Durchschnittsellipse bei den eisen- und den cadmiumhaltigen senkrecht zur Kante steht, bei den nickel- und anfangs auch bei den kobalthaltigen Krystallen dagegen mit der Kante parallel geht. Die Hexaëder (Kuben) kann man sich daher aus sechs vierflächigen, optisch einachsigen Pyramiden aufgebaut denken. Somit wären die Mischkrystalle mit Eisen- und Cadmiumgehalt aus optisch negativen, die mit Nickelgehalt aus positiven, die mit Kobaltgehalt anfangs ebenfalls aus positiven Individuen zusammengesetzt. Beim Weiterwachsen zeigen die Mischkrystalle von Kobalt und von Cadmium etwas Eigenthümliches. Bei den ersteren entsteht nach einiger Zeit in den neuentstandenen Zonen eine Abnahme der Doppelbrechungsintensität, und schliesslich kommt eine völlig isotrope Zone zum Vorschein. Jenseits der isotropen Zone kehrt sich das Zeichen der Doppelbrechung um, und es entstehen optisch negative Sectoren. Fügt man jetzt Salmiak der Lösung hinzu, so entsteht wieder

---

[1]) Schon früher von O. Lehmann beschrieben.

erst eine isotrope Zone, dann positive Sectoren, schliesslich wieder eine isotrope Zone, welche letztere von negativen Sectoren umwachsen wird.

Bei dem Weiterwachsen der cadmiumhaltigen Krystalle wird die Intensität der Doppelbrechung fortwährend grösser, die Seiten des Quadrats wölben sich und schliesslich explodirt der Kubus mit grosser Heftigkeit; ein treffendes Beispiel der sogenannten Spannungsdoppelbrechung. Die Theilstücke sind dreiseitige Pyramiden und Tetraëder.

Ausser den vollkommenen Quadraten (Kubus) finden sich bei den Mischkrystallen, die hier beschrieben worden sind, noch andere Formen, zum Theil Wachsthumsformen mit vorgeschobenen Ecken, zum Theil aber stark verzerrte Figuren, deren Sectorgrenzen einander nicht rechtwinkelig schneiden, sodass zwei scharfe und zwei stumpfe Sectoren entstehen. In den scharfen Sectoren ist die Doppelbrechung am wenigsten intensiv.

Die Oktaëder, welche ziemlich häufig sind, erscheinen das eine Mal als ganz dünne, sechseckige Platten, welche in sechs Sectoren getheilt sind, das andere Mal isodiametrisch als geometrische Oktaëder. Sie liegen sodann auf einer ihrer Flächen und zeigen oben ein gleichseitiges, in der Mitte isotropes Dreieck, von drei gleichschenkeligen, anisotropen Dreiecken umgeben. Die Oktaëder sind somit aus 8 einachsigen Pyramiden aufgebaut, deren optische Achsen senkrecht zu den Oktaëderflächen stehen.

Aus den oben genannten Beispielen geht schon zur Genüge hervor, dass die optischen Anomalien für die Krystallsystembestimmung, wenn auch immerhin unerwünscht, doch nicht ganz so gefährlich sind, als es beim ersten Anblick den Anschein hat. Die optische Anomalie steht nämlich immer in Einklang mit den zufälligen Formenanomalien; das heisst, wenn die Quadrate verzerrt sind, so ist selbiges mit den Sectoren der Fall. Eine wichtige Abweichung also von der normalen Anisotropie.

Ferrichlorid.

Die regulären Krystalle, welche man aus einer Lösung des Eisenchlorids nicht selten erhält, geben ein gutes Beispiel einer labilen, schwieriger darzustellenden Verbindung. Die Hydrate sind bekanntlich anisotrop; wenn man die Krystallisation jedoch im Mikroexsiccator vornimmt, so entstehen neben den anderen Hydraten öfters kleine, zierliche, salmiakähnliche, isotrope Rosetten, welche von den anderen Krystallen umwachsen werden. Wenn wir den Mikroexsiccator öffnen, so sind die isotropen Dendriten bald verschwunden.[1])

Natriumuranylacetat.

Gelbe Tetraeder, verschwinden in Benzol.

Natriumchlorat.

In den dickeren Krystallen (grosse Kuben), welche man nicht auf dem Objectträger hat entstehen lassen, beobachtet man eine eigenthümliche Erscheinung. Die Krystalle sind zwischen gekreuzten Nicols in jeder Lage mehr oder weniger hell. Es ist dies eine Folge der Circularpolarisation, über welche Erscheinung in jedem ausführlicheren Lehrbuch der Physik näheres zu finden ist. Derselbe Grad der Helligkeit bleibt bei jeder Tischlage bestehen. Verwechslung mit conischer Refraction ist aber ausgeschlossen wegen des Nichtauftretens einer optischen Achse (schwarzen Balkens) im convergent polarisirten Licht.

Wegen des Dimorphismus des Natriumchlorats hat man darauf zu achten, dass man es wirklich mit den regulären Würfeln und nicht mit den anisotropen Säulen zu thun hat.

Tetragonales System.

Kaliumkupferchlorid.

Wenn Lösungen von Chlorkalium und von Kupferchlorid gemischt werden, und man sie entweder sich selbst überlässt oder auch die Verdunstung im Mikroexsiccator vornimmt, so krystallisiren bisweilen wieder die Componenten aus. Ein besseres Resultat erhält man, indem man die gemischte Lösung erwärmt. Um dabei einer zu starken Austrocknung vorzubeugen, kann man den Tropfen mit einem kleinen Uhrglas bedecken. Es versteht sich, dass man das Uhrglas zuvor erwärmen soll. Man erhält jetzt dicke, kurze Säulen; die ganz kurzen können einem Rhombendodekaëder recht ähnlich werden; jedoch sind sie alle anisotrop. Das Achsenbild liegt öfters excentrisch und wegen der Dicke der meisten Krystalle sind die Ringe zahlreich; es ist also der optische Charakter

---

[1]) Die reguläre Modification entsteht nicht in Gegenwart von Platinchlorid, eine Thatsache, welche mich immer befremdete. Jetzt hat auch E. C. J. Mohr dargethan (Inaug.-Diss. 1897, Amsterdam), dass man es hier mit einem salmiakarmen Doppelsalz zu thun hat. Selbst in reinem „Eisenchlorid" scheint immer eine genügende Menge Salmiak für die Bildung des Doppelsalzes anwesend zu sein.

leichter mit dem Glimmerblättchen als mit der Gypsplatte zu bestimmen. Die Doppelbrechung ist negativ, der Pleochroismus nicht sehr auffällig, immerhin noch leicht zu beobachten. Neben den Krystallen des Doppelchlorids finden sich meistens auch einige des Chlorkaliums. Beim ersten Anblick dürfte man letzteres irrthümlich für pinakoidale Platten des Doppelchlorids halten; sie zeigen sich jedoch auch im convergenten, polarisirten Lichte isotrop. Dazu besitzen sie noch einen ganz abweichenden Brechungsindex, indem sie in Benzol verschwinden, während die Säulen des Doppelchlorids erst mit Schwefelkohlenstoff zum Verschwinden gebracht werden können.

Nickelsulfat.

Von diesem Salze bestehen zwei Hydrate, das eine mit 6 Aq. (optisch einachsig), das andere mit 7 Aq. (optisch zweiachsig). Ersteres Hydrat entsteht sehr leicht, wenn der Tropfen erwärmt wird, und krystallisirt zum Theil in Dendriten, deren einige nicht vollständig auslöschen. Wenn die letzteren im convergenten, polarisirten Lichte beobachtet werden, so gewahrt man ein deutliches, optisch negatives Kreuz. Bald nachdem die Wärmezufuhr aufgehört hat, entsteht an irgend einer Stelle des Präparats das Hydrat mit 7 Aq., welches sich auf Kosten des ersteren immer mehr und mehr ausbreitet.

Harnstoff (Ureum).

Während bei den zwei vorhergehenden Verbindungen die Systembestimmung eine ziemlich leichte war, indem die Achsenbilder einen Beweis für die optische Einachsigkeit lieferten, die Krystalle also entweder tetragonal oder hexagonal sein mussten, und schliesslich wieder die Begrenzung der pinakoidalen, ein Achsenbild zeigenden Blättchen einen Beleg für ersteres System darboten — versagt uns hier das eine wie das andere, indem Achsenbilder fast nicht zu erhalten sind und die Substanz fast durchgängig in Nadeln krystallisirt. Und doch ist es möglich, auch bei diesen ungünstigen, mikroskopischen Krystallen mit grosser Wahrscheinlichkeit die Einachsichkeit zu beweisen, wenn wir wegen des Mangels pinakoidaler Platten auch nicht im Stande sind, zwischen dem tetragonalen und hexagonalen System zu entscheiden. Um die Einachsigkeit zu beweisen, benutzen wir die schon beschriebene Halbkugel.

Der Brechungsindex des ordentlichen Strahls ist ziemlich derjenige des Xylols, der des ausserordentlichen Strahles etwas niedriger als derjenige des Schwefelkohlenstoffs. In der ersteren Flüssigkeit verschwinden die Nadeln also bei einer frontalen, in der letzteren Flüssigkeit bei einer sagittalen Lage. Auch das Zeichen der Doppelbrechung lässt sich bestimmen (positiv), da wir ja mit der Halbkugel darthun können, dass die optische Achse der Nadelachse parallel liegt. Letzteres ist bei den optisch einachsigen Nadeln zwar meistens, doch nicht immer der Fall, man soll also jedesmal zuvor den Sachverhalt untersuchen. Ein gutes Beispiel von der Gefahr, welcher man sich sonst aussetzen würde, liefert das

Berylliumplatinchlorid.

Die Krystallisation wird am Bequemsten in dem Mikroexsiccator vorgenommen; es entstehen pinakoidale Platten mit regelmässiger vier- oder auch achtseitiger Umgrenzung. Diese Platten zeigen das Kreuz der einachsigen Krystalle, und sind optisch negativ. Daneben finden sich nun aber säulenartige Platten, deren Säulenachse mit der kürzeren Ellipsenachse zusammenfällt; nach diesen Formen würde man das Salz also für optisch positiv gehalten haben. Wenn diese Säulen mittels der Halbkugel untersucht werden, so zeigt es sich, dass die optische Achse senkrecht zur Säulenachse steht, die Säulen also ebenfalls optisch negativ sind. In einzelnen Präparaten gelingt es, Uebergangsformen von den nicht genau horizontal liegenden Platten bis zu den obengenannten Säulen zu constatiren.

Berylliumsulfat.

Es ist bisweilen möglich, ein excentrisch optisch negatives Interferenzbild zu beobachten.

Hexagonales System.

Natriumnitrat.

Dieses Salz krystallisirt meistens in Rhomboëdern und deren Zerrformen, sowie in Dendriten. Da die Doppelbrechung eine sehr starke ist, so braucht man in den verschiedenen Lagen Flüssigkeiten von recht verschiedenen Brechungsexponenten, wenn man die Krystalle zum Verschwinden bringen will. Die Rhomben verschwinden fast in der Mutterlauge, wenn ihre kürzere Diagonale sagittal verläuft, in Schwefelkohlenstoff dagegen, wenn ihre längere Diagonale die ebengenannte Lage besitzt. Es ist gut, den Schwefelkohlenstoff mit einer Spur Xylol zu versetzen. Ebenfalls der starken Doppelbrechung zu Folge sind die Interferenzfarben sehr hoch und liefern die dickeren Platten ein gutes Beispiel des»Weiss höherer Ordnung«. Im convergenten polarisirten Lichte gewahrt man meistens den excentrischen Austritt der optischen Achse, ein schönes schwarzes Kreuz mit einer grossen Menge farbiger Ringe. Unter den vielen Krystallen findet man häufig einige, welche einen centralen Achsenaustritt aufweisen, selbige zeigen nicht oder doch kaum die viermalige Auslöschung, wenn der Mikroskoptisch gedreht wird und besitzen eine mehr oder weniger deutliche sechsseitige Umgrenzung, so dass sie dem regulären Octaëder einigermaassen ähnlich sind. Die Lichtstrahlen durchsetzen den Krystall mithin in der Richtung der optischen Achse, daher die Erscheinung, dass diese Individuen in der Mutterlauge verschwinden und bei Drehung des Tisches in jeder Lage unsichtbar bleiben. Das nämliche Verhalten zeigen die Dendriten, falls deren Zweige Winkel von 60 Grad mit einander bilden, wenn die Dendriten also pinakoidale Plättchen darstellen. Das Natriumnitrat bildet bekanntlich Krystalle, welche denjenigen des Kalkpaths überaus ähnlich sind; die Aehnlichkeit ist eine so vollständige, dass wenn man auf dem Objectglas in die Mutterlauge des Natriumnitrats einige Splitter Kalkspath bringt, letztere von den sich bildenten Krystallen des Nitrats umwachsen werden und zwar völlig parallel, so dass das Kalkspathindividuum mit seiner Nitratrinde einheitlich auslöscht.

Kieselfluornatrium.

Die Krystalle dieser Verbindung bilden meistens hexagonal-pinakoidale Plättchen, deren Brechungsindex demjenigen der Mutterlauge sehr nahe kommt, daher sie wenig auffallen, zumal wenn man bei ihrer Beobachtung den Condensor verwendet; eine schiefe Beleuchtung oder eine recht enge Blende macht sie besser sichtbar. Auch in einer Flüssigkeit mit einem abweichenden Brechungsindex wie zum Beispiel in Xylol erhalten sie sehr scharfe Conturen. Ausser den Hexagonen finden sich noch deren Wachsthumsformen, sechsstrahlige Rosetten, sowie längere und kürzere Säulen. Die ganz kurzen und dicken unter diesen Säulen scheinen öfters als Rosetten zu betrachten zu sein, welche aber mit ihrer Hauptachse horizontal liegen. Die Doppelbrechung ist ziemlich schwach und die Platten sind meistens klein; es ist also nicht leicht ein Achsenbild zu erhalten und mit völliger Gewissheit das optische Zeichen zu bestimmen. Mit der Halbkugel ist die Frage dagegen unschwer zu beantworten. Das Zeichen der Doppelbrechung ist negativ.

Bromoform.

Der einfachste Weg um Bromoform in Krystallen zu erhalten ist einen kleinen Tropfen dieser Flüssigkeit unten an einem Deckgläschen anzuhängen und oben auf dasselbe Gläschen, nachdem man es auf den Mikroskoptisch gelegt hat, einen oder mehrere Tropfen Aether fliessen zu lassen. Die durch das Verdampfen des Aethers erzeugte Kälte bringt das Bromoform leicht zum Erstarren. Es bildet sodann zierliche sechsstrahlige Sterne, pinakoidale Platten, welche eine schöne Interferenzfigur zeigen. Besonders instructiv ist die Beobachtung des Schmelzens im convergenten, polarisirten Lichte. Je dünner die Platte allmählich wird, um so mehr wachsen die Ringe und um so mehr schwindet ihre Zahl, bis schliesslich nur das schwarze Kreuz übrig bleibt. Das Bromoform ist optisch negativ.

Kieselfluormagnesium.

Unter den Krystallen und Dendriten zeigen diejenigen, welche einen sechsseitigen Bau aufweisen, ein deutliches optisch positives Achsenbild.

Bleijodid.

Aeusserst dünne, hexagonale, gelbe Platten; eigenthümlich ist der Dimorphismus, indem die Platten nach einiger Zeit von Nadeln corrodirt werden.

Rhombisches System.

Sublimat.

Am häufigsten bildet das Salz feine, lange Nadeln, welche gerade auslöschen, also von optisch einachsigen Nadeln nicht leicht zu unterscheiden sein würden; hier gibt wieder die Halbkugel den erwünschten Aufschluss; wenn wir nämlich eine Nadel mit diesem Apparat um ihre Achse drehen, so ändern sich die Farben bei einer Drehung in dem einen und in dem entgegengesetzten Sinne nicht in derselben Weise, ein Verhalten, das nur bei optisch zweiachsigen Nadeln und hier ziemlich häufig vorkommt. Bei dieser Drehung bleibt die gerade Auslöschung bestehen, eine Erscheinung, welche das trikline System mit Gewissheit, das monokline aber mit ziemlicher Wahrscheinlichkeit ausschliesst. In frontaler Lage verschwinden die Nadeln ziemlich vollständig in α-Monobromnaphthalin.

Kaliumnitrat.

Bekanntlich krystallisirt dieses Salz sowohl im hexagonalen als im rhombischen System; ersteres ist der Fall, wenn warme Lösungen verwendet werden, letzteres bei Lösungen, welche die gewöhnliche Zimmertemperatur besitzen. Die rhombische Modification bildet auf dem Objectglas Säulen, welche, wenn sie nicht sehr dünn sind, das Weiss höherer Ordnung aufweisen. In sagittaler Lage verschwinden die Säulen, wenn sie in der Lösung liegen, in frontaler Lage ist dasselbe in Xylol der Fall. Einige Krystalle zeigen den Austritt einer optischen Achse.

Bleichlorid.

Das Bleichlorid bildet überaus leicht dendritische Formen, daneben finden sich jedoch, zumal wenn man die Krystallisation nicht übereilt hat, mehr oder weniger normal ausgebildete Krystalle. Die Dendriten besitzen eine eigenthümliche, gerundete X-Form, welche ein gutes Beispiel von gerader Auslöschung gibt; die Auslöschung findet nämlich vielleicht mit keiner Begrenzungslinie parallel statt, so dass hier der Nutzen der früher gegebenen Definition erhellt, indem da, wo jede geradlinige Umgrenzung fehlt, die Auslöschungsrichtung doch in erkennbarem Zusammenhang mit irgend einer wichtigen Richtung im Krystall steht: die Auslöschungsrichtung liegt nämlich der Symmetrielinie dieser x-förmigen Dendrite parallel. Der Brechungsindex ist ein sehr hoher, indem die Krystalle weder in Jodmethylen, noch selbst in Phenylsulfid zum Verschwinden gebracht werden können.

Ammoniummagnesiumphosphat.

Diese Doppelverbindung ist auch in der makroskopischen Chemie genügend bekannt, der Formenreichthum ist aber ein so grosser, dass es lohnend erscheint die verschiedenen Formen mit einigen Worten zu erwähnen. Wir müssen dabei unterscheiden zwischen den einheitlichen und den zusammengesetzten Krystallen. Die letzteren sind derart aufgebaut, dass drei Nadeln oder dünne Säulen mit einander verwachsen sind und also ein sechsstrahliger Stern entstanden ist. Aus dieser Grundform, die nicht sonderlich häufig ist, können nun die vielen Formen zusammengesetzter Krystalle hergeleitet werden. Denn bald fehlt einer dieser Strahlen, bald auch fehlen deren zwei und zwar entweder die zwei gegenüberliegenden oder auch die zwei anderen. Ein anderes Mal fehlen wieder deren drei u. s. w. und aus allem diesem entsteht eine grosse Formenabwechslung. Die- zusammengesetzte Natur dieser Gebilde wird inzwischen immer leicht durch die Benutzung der Gypsplatte aufgedeckt, indem die verschiedenen Individuen selbstverständlich immer verschiedene Farben aufweisen.

Ein nicht weniger complicirtes Aeussere besitzen öfters die einfachen Formen; die Gypsplatte liefert jedoch den unmittelbaren Beweis, dass sie optisch einheitliche Individuen darstellen. Bei sehr schnellem Wachsthum entstehen farnkrautähnliche, x-förmige Gebilde, welche, wenn die Krystallisation ruhiger vor sich geht eine immer weniger complicirte Gestalt erhalten, bis schliesslich die bekannten sargähnlichen Formen auftreten. Die Krystalle löschen sämmtlich gerade aus, Achsenbilder sind nicht leicht zu erhalten; die zweiachsige Natur wird aber leicht mittels der Gypsplatte und der Halbkugel erwiesen. Die Krystalle besitzen nur eine geringe Doppelbrechung und verschwinden in Xylol.

Magnesiumsulfat.

Recht häufig ist der Austritt einer, bisweilen auch zweier optischen Achsen zu beobachten. Die Doppelbrechung ist negativ. Sehr ähnlich ist das Zinksulfat, die Brechungsindices liegen hier aber zwischen 1,46 und 1,48, bei dem Magnesiumsalz dagegen zwischen 1,43 und 1,46.

Kaliumchromat.

Das Salz krystallisirt sehr leicht in gerade auslöschenden Rechtecken, deren Zweiachsigkeit sich wieder leicht nachweisen lässt, da man in mehreren Individuen den Austritt einer Achse beobachten kann und ausserdem auf der Halbkugel die Farben sich deutlich asymmetrisch ändern. Der Brechungsindex ist sehr hoch, die Krystalle verschwinden ziemlich vollständig in Jodmethylen, wenn sie auch selbstverstüdlich an ihrer Eigenfarbe nach innen zu erkennen sind.

Asparagin.

Rhomben, welche in der Mitte die geringste Dicke besitzen, daher central niedere Interferenzfarben, mehr peripherisch höhere.

Monoklines System.

Kaliumchlorat.

Die einfachsten Formen dieses Salzes sind Rhomben, welche nach den Diagonalen auslöschen; diese Rhomben verschwinden in Cajeputöl,

wenn die Schwingungen des Lichtes der kürzeren Diagonale parallel
gehen; nachdem der Tisch um 90 Grad gedreht ist, verschwinden sie
in Nelkenöl. Wegen der geraden Auslöschung dürfte man die Krystalle
zum rhombischen System rechnen, ein einfacher Versuch lehrt aber die
Unhaltbarkeit dieser Annahme kennen. Wenn wir die Rhomben nämlich
mittelst der Halbkugel um ihre kürzere Diagonale rotiren lassen, so
löschen sie schief aus, ein Verhalten, das mit ihrer monoklinen Natur
in Einklang steht. Im convergenten polarisirten Lichte zeigen sehr
viele Individuen den Austritt einer optischen Achse, der Balken ist
aber nur in der sagittalen und in der frontalen Lage schwarz, in der
Hyperbellage jedoch farbig, eine Folge von der bedeutenden Dispersion
der optischen Achsen. Die Hyperbeln sind an der convexen Seite roth,
an der concaven Seite blau, der Achsenwinkel für Roth ist somit
grösser als derjenige für Blau. Da dieser Winkel nicht sehr gross
ist, so kann es, wenn die spitze Bisectrix sehr excentrisch austritt, den
Anschein haben, als ob die Interferenzfigur aus einem einachsigen Kreuz
bestände; die Aehnlichkeit ist zumal bei den dünnen Plättchen ziemlich
gross; wir brauchen jedoch nur eine etwas dickere Platte aufzusuchen,
um zu bemerken, dass die Arme des vermeintlichen einachsigen Kreuzes
mehr oder weniger farbig werden, wenn der Tisch gedreht wird, eine
Erscheinung, welche bei einem einachsigen Krystall unerklärlich sein
würde. Ausser den genannten Erscheinungen beobachtet man noch
viele andere complicirte Interferenzfiguren, welche dadurch hervorgerufen
werden, dass viele Plättchen verzwillingt sind, sodass das Licht zwei oder
mehrere superponirte, optisch verschieden orientirte Platten zu durchsetzen hat

Milchzucker.

Die Substanz bildet feine, rechtwinklige Nadeln, welche sehr oft
eine schiefe Auslöschung aufweisen, daneben finden sich mehr isodia-
metrische Formen, welche nicht selten ein schönes, optisch negatives
Achsenbild zeigen. Anisöl lässt die Nadeln in frontaler, Cedernöl dagegen in sagittaler Lage verschwinden.

Bleiacetat.

Die Nadeln löschen, wenigstens zum Theil, gerade aus; es gelingt
aber. mittelst der Halbkugel die schiefe Auslöschung hervorzurufen,
indem wir eine Nadel um eine ihrer Auslöschungsrichtungen rotiren
lassen. In vielen Individuen gelangt ein Achsenbild zur Beobachtung.

Die Hyperbelscheitel sind farbig, der convexe Saum ist blau, der concave braunroth; der Achsenwinkel für Blau ist also grösser als derjenige für Roth. Die farbigen Säume verschwinden selbstverständich in der Kreuzlage. Das Zeichen der Doppelbildung ist positiv.

Borax.

Gerade auslöschende Rechtecke, welche etwa in Cajeputöl verschwinden. Die schiefe Auslöschung lässt sich mittelst der Halbkugel nachweisen.

Ferrosulfat.

Sehr viele unter den Krystallen löschen gerade aus, mit der Halbkugel ist die schiefe Auslöschung wieder leicht zu beweisen, zum Beispiel, wenn die nicht seltenen Rhomben um ihre längere Diagonale gedreht werden. Ein etwas excentrischer Achsenaustritt ist häufig zu beobachten.

Ferricyankalium.

Gerade, auslöschende Rhomben und Säulen, deren schiefe Auslöschung auf der Halbkugel nachgewiesen werden kann. Die Totalreflexion verschwindet ziemlich vollständig in Nelkenöl. Achsenaustritt selten.

Kupferacetat.

Häufig schief auslöschende Säulen mit sehr kräftigem Pleochroismus, grün bis blau. Zwillinge nicht selten.

Naphthalin.

Sehr excentrischer Austritt einer optischen Achse. Die Krystalle werden besonders schön erhalten mittelst Sublimation im Mikroexsiccator.

Oxalsäure.

Die Säulen löschen nie schief aus, auch nicht auf der Halbkugel; der schon erwähnte Fall, wo die Nadelachse die krystallographische Symmetrieachse ist, die Nadeln also unter dem Mikroskop nicht von rhombischen Nadeln zu unterscheiden sind. Daneben findet man unschwer mehr isodiametrisch entwickelte Krystalle mit Achsenaustritt und schiefer Auslöschung. Die gerade Auslöschung der Nadeln, verbunden mit der schiefen Auslöschung dieser letzten Krystalle, beweisen also den monoklinen Charakter der Oxalsäure.

Triklines System.

Kupfersulfat.

Die Krystalle bilden sich sehr leicht aus der Lösung, und sind den bekannten makroskopischen Formen durchaus ähnlich, nur weniger flächenreich; wie es die Theorie erheischt, trifft man nur äusserst selten Individuen, welche gerade auslöschen, oder doch wenigstens von der geraden Auslöschung so wenig abweichen, dass der Auslöschungswinkel unter dem Mikroskop nicht gemessen werden kann. In den meisten Krystallplatten gewahrt man den Austritt einer optischen Achse, in einigen wenigen Platten sogar den Austritt beider Achsen; in diesen Fällen ist das negative Zeichen der Doppelbrechung leicht zu bestimmen mittelst der Gypsplatte, da die eigene Farbe der Krystalle unter dem Mikroskop nur eine geringe ist.

Kaliumbichromat.

Die Krystalle dieses Salzes sind dagegen sehr stark farbig. Mit der Gypsplatte sind denn auch nicht leicht Resultate zu erhalten, es ist jedoch möglich, an geeigneten Platten mit den Viertelundulations-glimmerblättchen, nach dem bekannten Verfahren das Zeichen der Doppelbrechung zu bestimmen. Die Zweiachsigkeit ist übrigens leicht genug zu beobachten, indem auch bei diesem Salze in mehreren Krystall-platten eine optische Achse zum Austritt gelangt. Das Kaliumbichromat gibt ein gutes Beispiel, wie man sich bei flüchtiger, mikroskopischer Beobachtung über den Brechungsindex irgend eines Stoffes täuschen kann, indem dieses Salz kein besonders starkes Relief aufweist, aber doch einen sehr hohen Brechungsindex besitzt; von dieser Thatsache kann man sich leicht überzeugen, indem man versucht, das Salz mittelst einer Flüssigkeit zum Verschwinden zu bringen; die Totalreflexion verschwindet nicht eher, als bis man Jodmethylen zu diesem Zweck verwendet. (Vergleiche das Verhalten der Kuben des Chlornatriums mit dem Verhalten der Octaëder desselben Salzes.)

Borsäure.

Die Borsäure bildet sechseckige, bei flüchtiger Beobachtung anscheinend hexagonale Blättchen, die Nachahmung des hexagonalen Systems ist um so treffender, als auch die Interferenzfigur im convergenten, polarisirten Lichte der Interferenzfigur der optisch einachsigen

Krystalle mehr oder weniger ähnelt; die Aehnlichkeit ist am meisten auffallend bei den sehr dünnen Blättchen. Da nämlich der Achsenwinkel nur einen geringen Werth besitzt, so (vergleiche das über Ureumnitrat Gesagte) öffnet das Kreuz sich nicht, wenn die Platte sehr dünn ist; die Mitte des Feldes also sehr niedrige Interferenzfarben beziehungsweise Grau erster Ordnung aufweist. Wenn dagegen die Platte eine bedeutende Dicke besitzt, so ist in den Hyperbellagen die Mitte des Gesichtsfeldes lebhaft gefärbt, sodass das Oeffnen des Kreuzes sich mit einiger Aufmerksamkeit beobachten lässt. Der Brechungsindex ist nicht hoch, da die Conturen in Cajeputöl ziemlich vollständig verschwinden.

Anhang.

Uebersicht einiger bei der Krystallbestimmung vorkommender Fälle.

In allen hier erwähnten Fällen wird der Tisch vollständig (um 360⁰) gedreht.

I. Nur der Polarisator wird verwendet:

Viermalige Farbenänderung: Pleochroismus (Vergl. Sachregister).

Weniger als viermalige Farben- oder Intensitätsänderung: Auffallendes Licht (Vergl. Sachregister).

II. Gekreuzte Nicols:

Immer dunkel (beziehungsweise keine Farbenänderung mit der Gypsplatte): entweder regulär oder optisch einachsig und ⊥ zur Achse.

Immer hell: Conische Refraction, Superponirte Zwillinge oder Krystalle, Dispersion der Ellipsoidachsen, Circularpolarisation.

Nur ein- oder zweimalige Auslöschung: Auffallendes Licht.

Preisverzeichniss einiger Utensilien.

Es versteht sich, dass es erwünscht ist in jedem einzelnen Fall einen Catalog zu erfragen, da die Preise natürlich wechseln und ein Vergleich der Cataloge verschiedener Firmen für eine gute Wahl unbedingt nothwendig ist.

Mikroskop von W. und A. Seibert: 2 Obj. 2 Oc.
Polarisator und Analysator, drehbaren Tisch mit Gradtheilung . . . . M. 150.—

Im Gebrauch bequemere, wenn auch weniger billige Mikroskope liefern R. Füss, Steglitz bei Berlin und Vogt und Hochgesang in Göttingen.

Halbkugel (P. J. Kipp in Delft, Holland)   . . . «   6.—

Objectträger 100 Stück 28 mm 48 mm . . . . . . «   5.—

Deckgläser   «   «   24 « 24 « . . . . . . «   5.—

Glimmerplatte .   .   . . . . «   4.—

Gypsplatte .   .   . . . . «   4.—

Sachregister.